装饰工程数字化应用型人才培养丛书

装饰工程数字化设计与应用

DIGITAL DESIGN AND APPLICATION OF DECORATION ENGINEERING

邹贻权　杨双田　陈汉成　主编

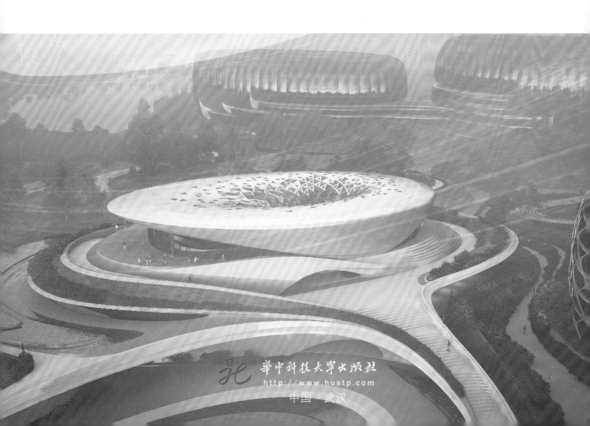

华中科技大学出版社
http://www.hustp.com
中国·武汉

图书在版编目（CIP）数据

装饰工程数字化设计与应用/邹贻权，杨双田，陈汉成主编. —武汉：华中科技大学
出版社，2022.10
　ISBN 978-7-5680-8508-3

　Ⅰ.① 装…　Ⅱ.① 邹…　② 杨…　③ 陈…　Ⅲ.① 室内装饰设计-计算机辅助设计-应用
软件　Ⅳ.① TU238.2-39

中国版本图书馆 CIP 数据核字（2022）第 137389 号

装饰工程数字化设计与应用　　　　　　邹贻权　杨双田　陈汉成　主编
Zhuangshi Gongcheng Shuzihua Sheji yu Yingyong

策划编辑：王一洁
责任编辑：梁　任
封面设计：金　金　支敬涛
责任校对：曾　婷
责任监印：朱　玢
出版发行：华中科技大学出版社（中国·武汉）　　电话：（027）81321913
　　　　　武汉市东湖新技术开发区华工科技园　　邮编：430223
录　　排：华中科技大学出版社美编室
印　　刷：湖北金港彩印有限公司
开　　本：710mm×1000mm　1/16
印　　张：20
字　　数：338 千字
版　　次：2022 年 10 月第 1 版第 1 次印刷
定　　价：108.00 元

本书编委会

编委会主任

徐　刚　深圳海外装饰工程有限公司

主　编

邹贻权　湖北工业大学

杨双田　中国建筑装饰集团有限公司

陈汉成　深圳海外装饰工程有限公司

副主编

李　纳　湖北工业大学

徐　刊　深圳海外装饰工程有限公司

孙在久　深圳海外装饰工程有限公司

王　睿　深圳海外装饰工程有限公司

郑　鑫　深圳市元弘建筑装饰创意和产业技术研究院

赵　力　中国建筑装饰集团有限公司

胡利进　深圳海外装饰工程有限公司

郭志坚　中建东方装饰有限公司

刘　明　深圳海外装饰工程有限公司

编写人员（排名不分先后）：

深圳海外装饰工程有限公司　　罗文军　刘冠华　唐　辉　周　月
　　　　　　　　　　　　　　赵紫全　邓宇宸　程路杨　敖　红

湖北工业大学　　　　　　　　韩　涌　潘　磊　李　洲　王　鑫
　　　　　　　　　　　　　　张子怡　王泽旭　支敬涛　王　露
　　　　　　　　　　　　　　黄姝颖　冯　钰

深圳市元弘建筑装饰创意和　　邬彬城　张颢璇
产业技术研究院

中建东方装饰有限公司　　　　吴丽婷　刘永多

深圳市郑中设计股份有限公司　郑开峰

序

　　2022 年的《政府工作报告》指出，"十四五"期间要改造提升传统产业，加快数字化发展，打造数字经济新优势，以数字化转型整体驱动生产方式、生活方式和治理方式的变革。数字化转型是大势所趋，加快推进数字化转型，创造数字化发展新模式，已经成为引领创新和驱动转型的先导力量。当前，我国的建筑装饰行业正在转型升级，数字化技术将会在这场变革中起到关键作用，也必定成为装饰行业实现技术创新、转型升级的突破口。虽然我国将数字化技术引入各行各业已有相当长的一段时间，但在建筑装饰领域，数字化技术所创造的经济效益和社会效益却微乎其微。高效利用信息化、数字化为建筑装饰行业服务，是一项挑战，也是未来的必然。

　　深圳海外装饰工程有限公司在国有企业改革三年行动以及 5G、人工智能、互联网等新技术普及的大背景下，积极开展信息化建设、数字化和智能化转型。深圳海外装饰工程有限公司从 2014 年开始，在数字化方面先后展开 BIM 技术人才培训、BIM 应用、深化设计与 BIM 融合等一系列的工作，与湖北工业大学创建行业首个校企联合的 BIM 研究院，"产、学、研、用"相结合推进数字化应用，我们坚信数字化是产业转型升级的核心引擎。数字化是推动建筑装饰行业进步，提升项目管理水平与企业核心竞争力，促进企业高质量发展，迈向具有全球竞争力的世界一流企业的必经之路。建筑装饰行业的数字化，既是应用技术的系统性创新，也是生产方式的革命性变化，只有达成行业共识、凝聚行业力量，才能整体驱动产业进步。

　　为加强相关领域人员对装饰工程数字化技术的掌握和普及，实现装饰工程数字化的转型升级，深圳海外装饰工程有限公司特邀国内建筑装饰行业研究、教学、开发和应用等方面的专家、一线工程设计和施工人员，以及从事数字化技术前沿研究的高校教师，组成装饰工程数字化应用型人才培养丛书编委会，策划编写本丛书。

我们期望本丛书能够成为现代建筑装饰行业设计、技术人员的指导教材，能够在日常工作中起到系统、深入的实践指导作用，同时期望本书成为高等院校、企业单位及相关从业人员学习装饰工程数字化领域专业技能的工具书。

本书作为装饰工程数字化应用型人才培养丛书的第一本，以数十年的装饰工程领域的实践经验为基础，以国家标准、行业标准和大量建筑装饰领域的文献资料为依据，归纳、提炼了装饰工程数字化的理论、方法及应用流程。本书重点阐述了装饰工程数字化设计与应用的行业现状、操作标准、方法和实际应用，介绍了装饰设计在各阶段、各环节和各系统的工作标准和要求，以及数字化软件工具在实践应用中的关键技术和全流程的案例解析。本书总结了实践操作的关键知识点、难点，加入了讲解视频和实例素材等，让读者可以更加直观地学习相关知识。

本书在编写和审核的过程中，得到了业内同行专家的倾情帮助和支持，专家的智慧和经验弥足珍贵，蕴含在研究成果的字里行间，我们衷心地感谢各方的协作与支持。感谢中国建筑装饰集团有限公司、深圳海外装饰工程有限公司、湖北工业大学、深圳市元弘建筑装饰创意和产业技术研究院、中建东方装饰有限公司、深圳市郑中设计股份有限公司等，对本书编写的大力支持和帮助，为实现中国建筑装饰行业的数字化转型升级和快速发展贡献力量，感谢华中科技大学出版社为本书的出版所做的大量工作。

我们相信中国建筑装饰行业的数字化转型势在必行，也必定会在信息技术的支持下实现更加高远的发展和腾飞！

装饰工程数字化应用型人才培养丛书

编委会主任：

2022 年 9 月

配套数字资源使用说明

　　为了提高使用效率，更好地提供学习支持，本书配备了相应的拓展学习资源。在相关知识点旁边，有配套数字资源的二维码，视频类资源可直接扫描二维码观看，素材类资源则可通过"扫描二维码→复制下载地址→在 PC 端下载"和"扫描二维码→点击压缩文件→在手机端下载"两种方式获取（因素材类资源为压缩文件，建议在 PC 端下载）。

　　欢迎您通过以下方式与我们联系，获得更多学习信息与资料。

　　通信地址：湖北省武汉市东湖新技术开发区华工园六路
　　　　　　　华中科技大学出版社建筑分社

邮政编码：430223

电话：027-81339688 转 782

E-mail：wangyijie027@163.com

QQ：61666345

建筑书友圈 QQ 群：752455880

建筑书友圈是建筑类图书爱好者的交流空间，欢迎您的加入！

配套数字资源目录

目 录

01

装饰工程深化
设计概述

建筑装饰装修工程是指为使建筑物、构筑物内外空间达到一定的环境质量要求，使用装饰装修材料，对建筑物、构筑物外表和内部进行修饰处理的工程建筑活动的总称。

建筑装饰装修工程按装饰内容不同可分为地面工程、抹灰工程、门窗工程、吊顶工程、轻质隔（断）墙工程、饰面板（砖）工程、幕墙工程、涂饰工程、裱糊与软包工程、细部工程等。完整的建筑装饰装修工程过程包括设计、施工、材料供应、工厂化部品部件加工、工程运营与维护等部分。

装饰工程设计人员，特别是深化设计师，承载着实现设计方案效果和经济性的双重责任。随着生活水平的提升，人们对美好生活环境的追求也在逐步提高，这促使装饰设计、材料、工艺不断改进和升级，深化设计师的设计水平也在这一发展过程中不断提升。优秀的装饰深化设计师要掌握各类材料性能和工艺要点，并在工艺和材料做法上不断创新。深化设计师对整个行业的不断提升起着重要的作用。

与此同时，信息化、建筑信息模型（building information modeling，BIM）、人工智能（artificial intelligence，AI）等数字化技术的发展，为装饰行业的设计、施工提供了更加完善的解决方案，为设计师提供了更快、更高效的设计方法和工具。我们将新的信息化、建筑信息模型、人工智能等技术统称为数字化设计技术，掌握这些新技术的设计师是新一代的数字化设计师。数字技术与装饰工程的发展日新月异，装饰工程的数字化升级离不开设计师的不断学习和进步。

1.1 理解深化设计

装饰工程设计全流程包括项目洽谈、资料收集、概念方案、扩初方案、施工图设计、后期设计服务、资料归档等几个部分。深化设计处于项目的中期到后期阶段，包括装饰施工图深化设计及其他专业施工图深化设计（如二次机电深化设计、厂家下单深化设计、软装深化设计等）。

1.1.1 深化设计的概念和分类

1. 深化设计的概念

深化设计是在建设单位或设计方提供的条件图或施工图的基础上，综合协调各专业，对图纸进行优化、完善、补充相关信息的过程。深化设计后的图纸应满足设计及技术要求，符合国家、行业等相关标准及规范，并通过审核，还原设计意图，能直接指导现场施工。深化设计是立足于原设计方与施工方之间的介质，其协调、配合相关专业分包，对原设计方的施工图纸进行进一步深化，是对项目实施过程中问题的前瞻式解决。

2. 深化设计的分类

建筑装饰装修工程深化设计（以下简称"深化设计"）根据合同内容不同可分为以下三类。

(1) 合同施工图即为施工蓝图，合同中不要求施工单位进行系统复核、验算及提供深化设计图纸。此为国内建设单位的常用模式。

(2) 合同施工图即为施工蓝图，但合同中要求施工单位对整个工程或局部关键区域进行系统复核、验算及提供深化设计图纸。其主要适用于国内投资的大型综合工程。

(3) 合同施工图不能作为施工蓝图，施工单位须进行深化后以自己或建设单位指定的设计单位的名义出图，作为施工报建图纸及竣工图，施工单位现场制作全套深化设计图纸。合同一般会要求施工单位进行系统设计参数复核，如部分系统无相关参数，需要进行设计验算。此为境外投资者常用模式，也是国际通用模式。

1.1.2 深化设计的目的与意义

1. 深化设计的目的

深化设计工作强调发现问题、反映问题，并提出有建设性的解决方法。在发现问题及反映问题的过程中，深化设计师提出合理建议，提交主体设计单位参考，协助主体设计单位迅速、有效地解决问题，加快推进项目的进度。深化设计有如下目的。

（1）深化设计有助于完成方案的可行性设计，是概念方案的延续、补充和细化。深化设计可结合投资、现场、材料和结构等情况，以及当地文化，完成方案的全套系统化的施工图。

（2）深化设计可优化调整施工图中具体的构造方式、工艺做法和工序安排，可使施工图完全具备可实施性，满足装饰工程精确按图施工的严格要求。深化设计可对施工图中未能表达详细的工艺性节点、剖面进行优化补充，对工程量清单中未包括的施工内容进行补漏拾遗，准确调整施工预算。深化设计对施工图纸的补充、完善及优化，可进一步明确装饰工程与土建工程、幕墙工程等其他工程的施工界面，明确彼此可能交叉施工的内容，为各类工程顺利配合施工创造有利条件。

（3）深化设计可节约建筑装饰装修工程成本，实现建设单位投资控制和精细化设计，降低投资公司设计管理部门因协调各种设计相关事宜而产生的时间成本和人力成本；减少工程设计变更，从而减少因工程变更而增加的造价，以及减少投资公司、方案设计方、监理方、施工方的多边关系协调成本，加快工程项目的施工进度。

2. 深化设计的意义

深化设计对于建筑装饰工程中的各方都意义重大，是建筑装饰工程中重要的一环。

（1）对房地产开发商、项目投资商与建设单位而言，深化设计与商务工作紧密结合，有效控制了工程成本、缩短了施工周期、增加了设计的可实施性。将方案深化设计成详细专业的施工图有利于在施工过程中避免因材料、结构等因素造成的方案修改，同时深化设计有利于协调方案设计单位及施工单位，有利于控制施工过程中的加项与方案调整。

（2）对设计院、室内设计公司及自由设计师而言，深化设计优化了设计细节，减少了设计时间，让设计方可以更专注于方案设计。深化设计也有利于现场交底及现场维护等工作的协调。

（3）对装修施工单位及装修公司而言，深化设计可协调项目施工，促进施工员与项目经理的有效沟通，帮助施工员进行有序施工。

深化设计后的图纸更加完善、详细、系统化。深化设计调整了招标后工程预算，明确了装饰、土建及相关单位的工作范围，立足于设计单位与施工单位之间，为项目的交叉施工提供了有利条件，推动了项目的进展。

1.1.3　深化设计师的职责和能力要求

深化设计工作涉及的内容较为广泛，深入，除了要绘制工作量巨大的图纸，还要考虑每个空间或造型的施工方式和收口细节，只有具有建筑相关专业知识和一定的现场经验，了解施工工艺，掌握行业规范，具备设计、协调、组织和管理能力的深化设计师才能胜任。

1. 深化设计师的职责

（1）组织项目部的各成员对深化设计方案进行讨论，编制深化设计方案及深化设计进度计划表。其中，深化设计方案应提出各种工艺的可行性，并符合相关规范；深化设计进度计划表应满足施工工期的要求。

（2）优化设计方案，既保证生产进度，也保证现场施工的便捷性及可行性，有利于完成项目的商务目标。

（3）主动、积极地与该项目的机电设计单位及施工单位协调、沟通，在精装深化图纸上准确反映机电设计的末端点位。

（4）配合工长将图纸与现场情况进行比对，将不符合现场尺寸的图纸进行调整，调整后的图纸报建设单位审批，并留存原始资料；配合技术人员做好技术核定单的确认工作。

（5）对工长、质量员、安全员和分包商进行统一设计交底，对各分包商进行图纸交底。

（6）根据工长提供的现场尺寸绘制排版图，由材料厂家排版的要指导厂家按照要求出排版图。

（7）配合相关人员进行材料认样和选样，并对现场的材料进行把控；根据工程进度提出准确的材料加工计划。

（8）组织相关人员讨论竣工图的编制，按照讨论的要求，以有利于项目结算的方式绘制竣工图。

2. 深化设计师的能力要求

（1）软件使用能力：熟练掌握 CAD、SketchUp、Revit、3ds Max、

Bricscad 等软件。

（2）综合储备能力：具有建筑相关专业知识和一定的现场经验，具备设计、协调、组织和管理能力。

（3）岗位认知能力：熟练掌握深化设计的基本流程及岗位职责。

（4）效果把控能力：具备基本美学常识和理解设计意图的能力，能够识别设计要素，延续或优化设计理念，具有平面构成基础和空间结构思维能力。

（5）读图制图能力：熟练掌握制图规范，能独立完成识图、答疑、变更、绘制竣工图等工作。

（6）施工工艺常识：熟知常规施工工艺、放线步骤、收口方式、通用节点、质量通病、质量检查标准等。

（7）材料认知能力：熟知常用基层材料的规格型号、特性和安装工艺；熟知常用饰面材料的常用规格、加工工艺、材料特性、生产周期等。

（8）规范把控能力：熟知常用国家标准规范、专业强制规范（消防、暖通、机电、声学、光学）及特定场所的相关规范。

3. 深化设计师在数字化设计中的角色和职责

在数字化设计中，深化设计师除了应履行以上职责和具备以上能力，还应负责项目的 BIM 三维模型设计、BIM 技术的具体实施和管理工作。在数字化深化设计中，深化设计师可以分为数字化深化负责人和数字化深化工程师。

数字化深化设计负责人是实施数字化应用的关键岗位，负责统筹管理数字化项目的策划运营及管理。其主要职责如下。

（1）根据项目性质、工作内容、工期及成本，参考相关标准、总体规划制定 BIM 实施应用方案，确定 BIM 应用点及进度安排。

（2）根据项目的建筑信息模型需求，制定项目的 BIM 标准，确定不同阶段建筑信息模型的内容与深度。参与制定 BIM 软硬件解决方案并保证软硬件配置到位。

（3）建立并管理 BIM 项目小组，协调人力资源配置。组织 BIM 相关的协调会议及培训。

（4）监督 BIM 工作进度及质量，协调各单位，保证项目按计划有序推进。

（5）负责审核验收 BIM 应用成果，负责装饰工程中的 BIM 相关数据管理、权限管理、平台管理工作。

数字化深化设计工程师具备建筑装饰相关专业知识或计算机专业背景，熟悉国家、行业标准及规范，具有 BIM 技术应用能力。其主要职责如下。

(1) 负责 BIM 技术的具体应用和实施，依据项目进度安排，完成不同阶段的 BIM 模型，并进行审核、整合与分析。

(2) 落实与 BIM 相关的软硬件资源，参与制定 BIM 实施细则，参与与 BIM 相关的会议及培训。

(3) 维护建筑信息模型，根据修改意见及时调整并解决相关问题。

1.2 深化设计各阶段的工作内容

深化设计分为投标配合阶段、进场施工前期准备阶段、施工过程阶段和施工结束阶段。各阶段的工作内容如下。

1.2.1 投标配合阶段

投标配合阶段的工作内容如下。

(1) 对施工招标图纸中未能准确表达的工艺性节点、剖面进行优化补充；对工程量清单中未包括的施工内容进行查漏补缺，为准确调整施工预算做好图纸方面的优化及完善工作。

(2) 绘制各种材料的"两图一表"（即平立面排版图、节点大样图及量价统计表）。

(3) 积极配合预算员和项目部完成"两图一表"工作，从工程量清单及造价清单中提取各单项子目计算公式及数据，再从蓝图中提取各单项子目相关图纸，组成"两图一表"，由施工员完善施工工艺，材料员录入合同信息，商务经理负责招标。

1.2.2 进场施工前期准备阶段

进场施工前期准备阶段的工作内容如下。

(1) 了解工程项目：了解项目的性质、合同状况、投标状况；了解相关技术人员及其负责内容；跟进设计图纸进度。

（2）需要准备的文件：建设单位下发的装饰蓝图、建筑结构图、机电设备图（所有图纸都需要准备 CAD 电子版）。

（3）项目设计前期策划内容：项目简介；建设单位管理架构；设计方管理构架；项目部管理架构；方案展示；与项目部共同商定项目区域划分，完成项目建设区域划分彩色平面图工作；根据项目区域划分和施工组织时间表做出项目深化设计时间策划、工作顺序及工作量计划；汇总问题及解决方案；将变更图纸文件、竣工图和隐蔽记录文件进行整理、分装、存档。

1.2.3　施工过程阶段

施工过程阶段的工作内容如下。

（1）设计交底：设计交底是对施工单位和监理单位正确贯彻设计意图，使其加深对设计文件特点、难点、疑点的理解，掌握关键工程部位的质量要求，确保工程质量。

（2）图纸会审及统计：① 项目部先组织全员看图进行内审，形成图纸提疑清单，再组织图纸会审。图纸会审的作用一是使施工单位和各参建单位熟悉设计图纸，了解工程特点和设计意图，找出需要解决的技术难题，并制订解决方案；二是解决图纸中存在的问题，减少图纸的差错，将图纸中的质量隐患消灭在萌芽之中。② 统计缺少图纸的清单，与设计方沟通，划分补图工作，商定补充图纸完成时间。③ 统计图中各种面层材料基础做法及缺少基层的区域，与项目部共同商定基层优化方案。④ 找出施工重点及难点区域，商定解决方案。⑤ 与项目部商定样板段及打样制定清单。⑥ 根据项目区域划分做好图纸（如设计变更图纸、竣工图纸）存档工作。

（3）现场复核：配合项目部对现场尺寸进行复核，发现问题及时以工作联系单形式通知甲方及设计方，及时调整设计方案，列出现场尺寸与图纸尺寸之间的出入对比表。

（4）召开项目部专题会议：与项目经理沟通，明确项目建设环节的核心问题；与预算员沟通，拿到二算主材对比表；与施工员沟通，确定基层、面层、隔墙、吊顶等的做法，作为以后图纸深化设计的主要依据。

（5）配合放线：绘制现场放线图，测量墙体偏差，完成新建隔墙放线、装饰构造完成面放线、综合天花放线及墙饰材料分割放线；交底记录在蓝图上做好笔记；要熟练运用深化设计过程控制单（表），如技术核定单、图纸签发记录表、放线确认单等。

（6）施工过程图纸深化设计内容：完成隔墙尺寸定位图；装饰完成面尺寸定位图；天花综合点位图；配合进行现场放线及尺寸记录，做好深化图纸设计交底工作，校对施工图图纸尺寸与现场实际尺寸的出入；给排水点位定位图；基层龙骨排布图；统计材料参数并配合材料送样。

（7）设计变更：根据现场情况，对建设单位下发的设计蓝图进行查缺补漏和工艺优化，并请设计单位与建设单位进行确认，以作为决算的依据。

（8）过程深化设计：剖面节点图深化设计和隐蔽报验图深化设计；优化设计方案，补充和优化节点；装饰面层材料的排版和数量统计；合理做好优化设计方案；做好联合下单的相关配合工作，对各装饰材料的供应单位在进场安装阶段可能出现的与构造和工艺技术相关的问题进行深入交底，依照现场施工进度和要求对时间节点进行合理安排。上面所述"联合下单"是针对与装饰项目有关的材料，共同沟通确定材料收口、工序、尺寸等，并对交底、下单、加工、安装全过程管控的一种形式。

（9）审核各专业厂家深化设计图：配合石材、木饰面、玻璃、不锈钢等厂家做好图纸深化设计，并做好交底、协调、检查、核对工作；对于有纹理的面层材料（如木材、石材），应交代清楚纹理的走向及拼接时纹理的制作要求；石材及木饰面的表面处理方式须在深化设计图上标注清楚；做好材料交接和收边、收口处理工作；有工艺缝的材料，做好工艺缝的交圈收口及剖光面处理。

（10）联合下单：在配合厂家深化设计图纸的过程中，可以把联合下单的深化设计图纸合并到一起，如有问题，可在深化设计图纸时提前发现，避免返工。

（11）施工现场基层施工：如有与图纸不符之处，应及时与项目部沟通，若需要调整图纸，则应及时修改。有必要时，应补签设计变更联系单。应明确材料的收口、收头做法。按项目计划，应先出样板段节点。

（12）样板间施工：根据深化设计图纸及构造做法表，选择标准空间按要求做1∶1的样板间，对公共区域的重点部位做1∶1的工艺样板并进行展示，在大面积下单前争取样板间先行，根据现场样板间和工艺样板展示，及时发现暴露出的质量问题。调整深化设计节点图并由原设计方负责人和建设单位负责人签字、确认，形成设计变更。

（13）现场复查：施工到此阶段基层深化设计已经基本完成，在材料供应单位加工材料阶段，应在现场复核基层尺寸，若发现问题，应及时与材料供应单位联系，让问题在工厂解决，以保证现场安装的顺利进行。

1.2.4 施工结束阶段

施工结束阶段的工作内容如下。

（1）设计调整及互检，调整深化设计图纸：收到设计变更通知后，应及时进行现场调整，并及时反映在图纸上，及时跟项目部各专业相关负责人交底及跟踪落实情况；在日常工作中切实做好相关施工图纸和变更图纸以及变更文件收集整理工作，对每次变更的内容进行全面技术交底并协同各专业、各工种落实到位，同时也要做好收发文记录及资料归档。

（2）统计设计变更及洽商图纸：做好设计变更汇总记录单、深化设计图纸确认汇总记录单；统计现有变更及洽商图纸签认情况，补充变更及洽商图纸，变更洽商图纸分类。

（3）竣工图准备：严格按照量化清单表绘制竣工图；应保存一套完整的设计方下发的施工蓝图及其电子版文件，以备预决算后期核对图纸使用；整理所有设计变更及洽商图纸，将建设单位签认及未签认的图纸列出清单，未签认的图纸派专人跟踪落实，签认困难的应及时与项目经理沟通寻求解决方案；与项目部和预算员沟通，明确竣工图绘制要求，并形成会议纪要。

（4）竣工图审核：内部组织竣工图互审，包括尺寸、材料、索引等；召开项目部专题审图会议，进行详细的竣工图交底，如有调整，可以书面形式体现并交与深化设计师，会后设计师按要求逐条调整，完成一轮调整后，再次组织竣工图互审，直到竣工图确认，提交项目部进行预结算审核，完成竣工图意见会签单后交付建设单位。

1.3 深化设计成果

深化设计成果见表 1-1。

表 1-1　深化设计成果

序号	具体工作	内容
1	施工图	主要由设计说明、图纸目录、平面图、立面图、剖面图、节点大样图等部分组成
2	两图一表	"两图"是平立面排版图（包括天花、墙面、地面）、节点大样图；"一表"即量价统计表
3	主要材料技术参数统计表	包含物料编号、物料名称、技术参数、使用区域和相应的示意图
4	理解图纸，整理设计答疑	对图纸中存在的问题进行记录，并且给出相应的解释和更改。问题及答疑记录包含问题描述、图号、问题位置、图纸附件、设计回复、备注等
5	图纸会审及设计交底	图纸会审是指工程各参建单位，在收到施工图审查机构审查合格的施工图设计文件后，在设计交底前进行全面、细致地熟悉和审查施工图纸的活动，图纸会审形成会审记录；设计交底指在施工图完成并经审查合格后，设计单位在设计文件交付施工时，按法律规定的义务就施工图设计文件向施工单位和监理单位作出详细的说明，设计交底形成交底记录
6	装饰区域划分图	将精装平面图纸按区域进行拆分，便于明确每个范围的设计任务和分工，形成装饰平面图的分区图。分区通常以功能区作为划分依据，也可以根据材料或者装饰等级来划分区域
7	深化设计策划任务表	深化设计策划任务表是控施工和深化设计的进度以及质量的主要依据，包含施工区域、深化设计责任人、审核人、任务跟踪人、计划完成时间等内容
8	工序样板策划方案	工序样板策划方案通常将材料和施工工艺、工法按照施工顺序编号标注在施工图详图上，再以实物样板或者图片样板的形式展示。工序样板策划方案可将抽象的设计要求和繁复的质量标准、规范、程序等具体化和实物化；提高项目施工工艺水平和技术质量管理水平，提高工效，确保质量；使技术交底、岗前培训、质量检查、质量验收等有一个统一直观的判定标准

序号	具体工作	内容
9	样板间深化设计图	包含封面、目录、图例、材料表、施工图设计说明、样板房平面图、样板房大样图、样板房固装深化设计图、样板房活动家私深化设计图、样板房卫生间装配式石材深化设计图、灯具深化设计图等，用以指导样板间施工
10	综合点位图	包括分包给各专业（厨房，洗衣房，灯光）协同完成的机电点位、综合天花上的机电点位以及在平面、立面地坪中显示的电气机电点位
11	现场问题记录及施工放线技术交底	通过事先检查建设工程定位放线，确保建设工程按照规划审批的要求安全顺利地进行，同时也可完善市政设施、改善环境质量，避免侵害相邻产权主体的利益
12	深化设计图纸管理与下发登记	制作"项目深化设计图纸内部会审表""项目深化设计内部交底表"；制作"项目设计类图纸（资料）接收登记本"等，对深化设计图纸进行整理和管理
13	配合专业厂家进行图纸深化设计	依据项目需求完成石材、木饰面、玻璃、不锈钢等的下单图纸，编制"下单材料表"
14	图纸优化	"深化图纸优化成果整理统计表"内容包括工程背景、原设计存在的问题、不利因素分析、优化措施、深化设计更改前后对比示意图、优化后取得的效果、适用范围等，优化原始设计中存在的问题
15	设计变更梳理	统计项目自初步设计批准之日起至通过竣工验收正式交付使用之日止，对已批准的初步设计文件、技术设计文件或施工图设计文件所进行的修改、完善、优化等活动，形成变更记录。变更记录包含变更名称、变更编号、原设计名称、变更类别、变更原因等
16	竣工图	竣工图是按照施工实际情况画出的图纸及补充、修改的节点图和剖面图，包括设计说明、图纸目录、平面图、立面图、剖面图、大样图、详图等

下面将针对每项设计成果进行详细讲解。

1.3.1 施工图

施工图是表示工程项目总体布局，建（构）筑物外部形状、内部布置、结构形式、装修形式、材料用法以及设备、施工等要求的图样。施工图构成及内容见表1-2。

表 1-2　施工图构成及内容

施工图构成	内容
封面封底	包含项目名称及相关信息
目录	列出图纸明细及位置
建筑设计总说明	包括项目施工的依据性文件、批文和详细规范，项目概况，设计标高，用料说明和室内外装修形式
原始结构图	包括平面图、立面图、剖面图等，有详细的结构材料说明，用来展现原有场地的结构情况
原始尺寸图	有详细的现场原始尺寸，方便后期方案设计修改
平面布置图	① 建筑主体结构的平面布置、具体形状以及各种房间的位置和功能等； ② 室内家具陈设和设施的形状、摆放位置等； ③ 隔断、装饰构件、植物、装饰小品的形状和摆放位置； ④ 尺寸标注； ⑤ 门窗的开启方式及尺寸； ⑥ 详图索引、各面墙的立面投影符号及剖切符号等； ⑦ 表明饰面材料和装修工艺要求等的文字说明，表示建筑物、构筑物、设施、设备等的相对平面位置
拆砌墙图	用于房屋内墙体改造的图纸，包括墙体拆墙图、墙体新建图、墙面新砌方法等；反映墙体拆除及新增状况
地面布置图	反映地面铺装情况及铺贴方式
防水示意图	反映防水部位、高度及做法
天花布置图及天花剖面图	包括顶面的布置图、局部大样图、线路图、设备安装图，反映天花位置、布置方式、材质和结构等信息

施工图构成	内容
天花及灯具尺寸图	表明天花及灯具尺寸，方便天花施工和灯具定位
天花综合点位图	体现天花造型标高、吊顶材质，以及灯具、消防、音响、空调进出风点位等的综合图
开关布置图	反映开关设置位置及方式
插座布置图	反映插座布置位置及方式
电路系统图	包括配电箱的型号，开关规格、型号及特殊功能（如消防的强切），进、出线电缆或电线规格，出线的敷设方式，单相电源的相序分配，回路编号等，对于高低压柜的系统图，还要求有功率、电流的计算值等；反映建筑所需电能的供应和分配
给排水示意图	给排水专业施工图，反映给水、排水、热水、消火栓、自动喷淋等系统的设计情况
家具尺寸图	家具尺寸示意，方便家具定制及加工
平面索引图	反映节点大样及立面图在平面图中的相应位置
立面图、剖面图	立面图是建筑物外墙在平行于该外墙面的投影面上的正投影图，用来表示建筑物的外貌，在装饰专业中反映室内各个立面情况。剖面图又称剖切图，是通过对有关的图形按照一定剖切方向所展示的内部构造图例
节点图、大样图	节点图主要表达细部结构，大样图主要表达细部形状。二者主要反映构造做法，以便于施工
门窗表	门窗表包括建筑物每层各立面的门窗位置、尺寸、功能、结构形式和五金配置等信息。

施工图参考的交付标准如下。

①《房屋建筑制图统一标准》（GB/T 50001—2017）。

②《房屋建筑室内装饰装修制图标准》（JGJ/T 244—2011）。

1.3.2 两图一表

"两图一表"中的"两图"是指平立面排版图（包含天花、墙面、地面）（图1-1）、节点大样图，"一表"是指量价统计表（表1-3）。"两图一表"是对体系中材料进行专项系统研究，主要针对装饰面层材料，是一个动态的、不断完善的图表，在工程不同阶段有着不同作用（表1-4）。"两图一表"的制作主要是完成以下工作：① 整理材料类型，将各面层材料归类；② 按整理的材料类型梳理图纸，分拆形成材料专项图纸，并形成一个表单化的图纸目录；③ 绘制材料平面索引图和立面图；④ 统计各材料的名称、使用区域、规格、数量、面积等信息，提交材料下单图和材料统计表。

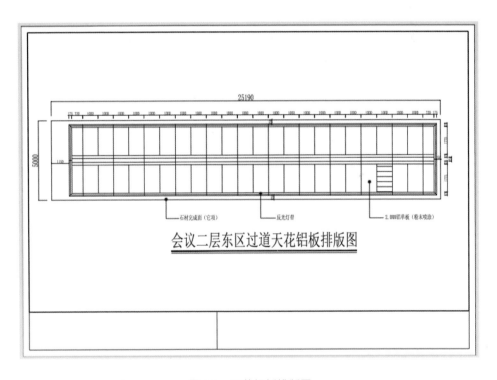

图1-1 天花铝板排版图

表 1-3　量价统计表

序号	材料名称	使用区域	编号	规格/mm	单位	数量	每块面积/m²	总面积/m²	备注
1	例：MT-03搪瓷钢板	站厅	A1	790×1590	块	244	1.2561	306.4884	
2									
3									
4									

表 1-4　"两图一表"在工程不同阶段的作用

阶段	作用
投标配合阶段	使用"两图一表"进行材料询价、图纸梳理及面层主材工程量核算。深化设计师要在拿到招标文件、物料表的第一时间完成"两图一表"制作、标前材料询价[a]和投标工程量核对等工作
进场施工前期准备阶段	进行二次深化设计，调整"两图一表"（此时的"两图一表"为材料下单平面索引图、立面图及下料清单），完成现场施工图及主材招标图，进行招标完成主材订货，生成材料招标清单，根据表单进行后场跟踪
施工过程阶段	此时"两图一表"的作用在于材料跟踪[b]与材料分货。此时"两图一表"中的"图"是经过二次深化设计的下料图纸，"表"是材料跟踪表单。"两图一表"对分析施工现场组织顺序、明确主要材料下单顺序、跟踪材料下单后的生产情况以及材料到场后的分货都起到重要作用
施工结束阶段	根据"两图一表"，质量员可以对补货材料直接下单并加工完成，有助于工程完工。"两图一表"可作为竣工决算的重要依据

注：a. 标前材料询价是根据材料样板、材料图纸以及效果图形成供应商报价。（项目部经过对各家样板的筛选和对图纸的理解，最终可形成投标报价材料的基准价）；

b. 材料跟踪即根据"两图一表"，完成产品下单，此时需要注意表单上下单时间、生产周期、到货时间及联系人，以控制工程进度。

工作量核对时应注意以下事项。

① 在计算前统一计算标准。

② 深化设计师主导"两图一表"的制作。

③ 在具备条件的情况下,双包材料(如石材、木饰面)的厂家应进行"两图一表"的制作,完成工作量的计算。

"两图一表"在竣工决算中的作用如下。

① 竣工图参照:前期"两图一表"要更新修改,作为竣工图的参照依据。

② 内审参照:供应商的工作量通过"两图一表"加上变更的工作量,形成面层材料最终工作量。

③ 外审对比:外审的工程量和竣工时的"两图一表"对比,避免遗漏。

1.3.3 主要材料技术参数统计表

主要材料技术参数统计表(表1-5)反映工程所需物料的详细信息及其参数,便于甲方了解所使用材料的相关信息,便于认质、认价。

主要材料技术参数统计表包括物料编号、物料名称、技术参数、使用区域和相应的示意图等,能明确反映项目所使用物料的相关信息。对于家具类的材料技术参数统计表,须统计品名、品牌、等级及技术标准等资料。

表1-5 主要材料技术参数统计表

序号	物料编号	物料名称	技术参数	使用区域	示意图
1	例:ST-01	意大利灰木纹	(1) 厚度: (2) 完成面: (3) 镜面光泽度: (4) 平整度: (5) 规格板长宽及对角公差: (6) 纹理:	中餐厅、多功能厅地面	材料示意图

序号	物料编号	物料名称	技术参数	使用区域	示意图
2					
3					
4					

1.3.4 理解图纸，整理设计答疑

深化设计过程中，对图纸内容进行理解、整理，记录图纸上存在的问题、问题所在图号及图纸附件等，向设计方提交图纸设计答疑表，这样可以加深对图纸的理解，解决图纸问题，优化图纸内容，保证后续深化设计及施工的顺利进行。设计答疑表见表1-6。

表 1-6 设计答疑表

序号	问题描述	图号	图纸附件	设计回复	备注
1	例：套房1机电图墙面有两个插座面板，精装图上没有	EM-JS1	（图纸疑问处截图）		
2					
3					
4					

1.3.5 图纸会审及设计交底

图纸会审是指工程各参建单位（建设单位、监理单位、施工单位等）在收到施工图审查机构审查合格的施工图设计文件后，在设计交底前进行的全面细致的熟悉和审查施工图纸的活动。各单位相关人员应熟悉工程设计文件，并应参加建设单位主持的图纸会审会议，建设单位应及时主持召开图纸会审会议，组织监理单位、施工单位等相关人员进行图纸会审，并将出现的问题整理成会审问题清单，由建设单位在设计交底前约定的时间提交设计单位。图纸会审由施工单位整理会议纪要，与会各方会签。

图纸会审包括内部图纸会审和外部图纸会审，根据项目推进会进行多次图纸会审。

设计交底指在施工图完成并经审查合格后，设计单位在设计文件交付施工时，按法律规定的义务就施工图设计文件向施工单位和监理单位做出详细的说明。其目的是使施工单位和监理单位正确贯彻设计意图，加深对设计文件特点、难点、疑点的理解，掌握关键工程部位的质量要求，确保工程质量。

项目深化设计图纸内部会审表（表1-7）必须包含项目基本信息，记录图纸会审中出现的问题以及解决方案和会审反馈。

表1-7 项目深化设计图纸会审表

单位（子单位）工程名称		
会审日期		至
会审地点		
会审内容［分部/子分部/分项（或系统/子系统）等名称］及其相关的施工区域（部位）范围		

会审图纸名称及图号		

参加会审单位和人员	单位全称	参加人员签名及专业职务
	建设单位：	
	设计单位：	
	勘察单位：	
	监理单位：	
	总承包施工单位：	
	分包施工单位：	
	专业承包施工单位：	

施工图纸会审时应有相应的施工图设计文件会审记录（表 1-8）。

表 1-8　施工图设计文件会审记录

项目名称		项目编号	
序号	会审提出的问题 （疑问、意见和建议等）	设计单位答复或会审确定的意见	
1	例：JZ-0401-A-201 广告灯箱两侧搪瓷钢板在立面图中为 1600 mm×1600 mm 规格，与右侧标注不符，且设计说明中没有 1600 mm×1600 mm 规格的搪瓷钢板	图层显示问题，9 号线西延段做法与一期一致，搪瓷钢板均为 800 mm×1600 mm 规格（含 10 mm 缝口）	
2			
3			
4			
设计人员签名： （盖章） 年　月　日	施工单位项目负责人签名： （盖章） 年　月　日	总监理工程师签名： （盖章） 年　月　日	建设单位项目负责人签名： （盖章） 年　月　日

项目深化设计交底表（表1-9）要记录项目基本信息，对设计更改区域要做出详细说明和记录。

表1-9　项目深化设计交底表

工程名称			
图纸名称		图号	
设计交底内容（包括设计理念、工程概况及设计范围、装修主材、装修施工图纸澄清说明、装修材料要求、装修与各专业接口、施工注意事项、其他补充说明、验收规范） 			
设计单位： 交底人： 年　月　日	承包单位： 接受人： 年　月　日	监理单位： 接受人： 年　月　日	建设单位： 接受人： 年　月　日

1.3.6　装饰区域划分图

将装饰平面图进行分区，形成精装区域色块图、装饰材料色块图，以便明确每个区域的设计任务，有利于分工。

装饰区域划分标准如下。

（1）必须有划分依据，可以根据功能区来划分，如大堂、电梯厅、休息区等；也可以根据材料来划分，如大堂和吧台都是石材地面，可划分到同一区域，内室和休息区都是木地面，可划分到同一区域；还可以根据装饰等级来划分，如毛坯区域、精装区域、简装区域等。

（2）精装区域色块图必须按照划分依据来确定，图纸中要用不同颜色来区分区域，颜色和图例保持一致。如图 1-2 所示为某景观塔装修区域色块图。

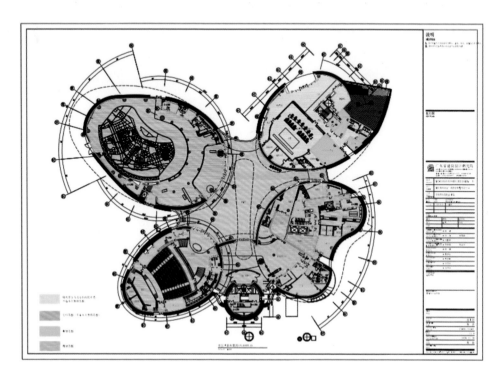

图 1-2　某景观塔装修区域色块图

1.3.7　深化设计策划任务表

深化设计策划任务表（表 1-10）须考虑装饰区域划分、项目时间及预算等相关因素，分配深化设计任务，安排各部分的责任人及策划具体时间，便于施工进度的整体安排和相关人员协调。

深化设计策划任务表须包含施工区域、深化设计责任人、审核人、任务跟踪人、计划完成时间等内容，须明确说明各个区域的范围，将深化设计责任人及审核人安排到位，同时合理安排计划完成时间，力求项目准时、有序进行。

表 1-10　深化设计策划任务表

序号	施工区域		深化设计责任人	审核人	任务跟踪人	计划完成时间	备注
1	例：三楼	游泳池、理容区、淋浴区、女更衣室、男更衣室、私人更衣室、卫生间、服务台接待等	张三	李四	王五	2021.04.20	
2							
3							
4							

1.3.8　工序样板策划方案

工序样板策划即针对项目施工进行工序样板建设管理，分阶段展示各类节点与工序样板。展示各项工程的工艺、工法，明确质量标准，可以让每个进入现场的人员明确各个工序的最终成型标准。工序样板策划对于厘清施工工艺流程、发现质量通病、明确质量控制要点有重要作用。工序样板能够对施工人员起到指导作用，从源头控制质量。图 1-3 为涂料工序样板及天花吊顶工序样板。

图 1-3　涂料工序样板及天花吊顶工序样板

1.3.9 样板间深化设计图

样板间深化设计图（图 1-4）即针对样板间绘制的深化设计施工图纸。根据深化设计节点目录清单中的节点做法，客房应做 1：1 的模型房，公共区域的重点部位应做 1：1 的大样，在大面积下单前争取大样先行。现场制作 1：1 大样能让设计方及建设单位对材料的效果有直观的感受。根据现场制作的 1：1 模型房、1：1 实物大样及施工过程中的设计变更，调整深化设计节点图纸，并由设计方负责人和建设单位负责人签字、确认。制作大样能暴露现场收口及材料交接等问题。

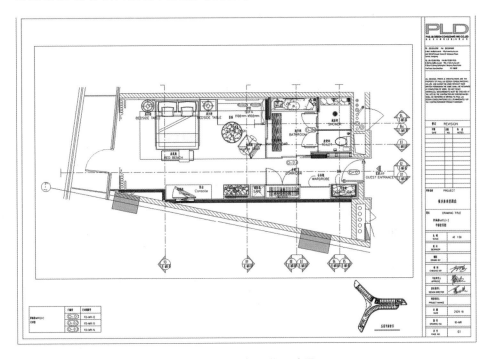

图 1-4　样板间深化设计图

1.3.10 综合点位图

综合点位沟通与协调即配合各专业确定综合天花上的机电点位和平面立面地坪中的电气机电点位。

天花综合点位图是天花平面图的一种，反映天花上除天花造型以及灯具点位外，所有可见的机电末端点位，同时表示这些机电末端点位与天花造型以及灯具关系。天花综合点位图可以防止各专业图纸冲突，有美化图纸、协调各专业的作用。图 1-5 为某会展中心一层天花综合点位图。

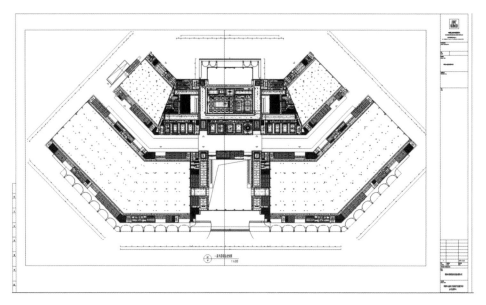

图 1-5　某会展中心一层天花综合点位图

此外，综合点位的沟通与协调还须制作末端点位实物图与尺寸表（表 1-11），暗装箱外形尺寸表（表 1-12），设备开孔尺寸表（表 1-13），设备供电统计表（表 1-14），天花检修口、装饰百叶清单（表 1-15），弱电专业设备尺寸汇总表（表 1-16）。

表 1-11　末端点位实物图与尺寸表　　　　　　　　　　　　　单位：mm

序号	设备、材料名称	尺寸（长×宽×厚）	实物图	备注
1	例：火灾声光警报器	160×117×50		墙面安装（开孔尺寸 50×50）
2				
3				
4				

表 1-12　暗装箱外形尺寸表

序号	交货清单号	配线箱编号	配电箱预留/P (1P＝18mm)	预留模块设备安装方式	箱体数量	箱体外形尺寸(宽×高×厚)/mm	进出线开孔方式
1	例：339	AL1-H2-1	12	标准导轨安装	1	530×450×90	箱顶开20个敲落孔
2							
3							
4							

表 1-13　设备开孔尺寸表

序号	名称	品牌	型号	设备尺寸/mm	开孔尺寸/mm	设备重量/kg	备注
1	例：吸顶音箱	QUAD	D6-16	直径：295 高：219	直径：260	2.5	
2							
3							
4							

表 1-14　设备供电统计表

序号	名称	功率/kW	数量	备注
1	例：墙插面板 WB3	2	2	
2				
3				
4				

表 1-15　天花检修口、装饰百叶清单

项目名称：				日期：				
序号	材料名称	规格型号/mm	数量/个	已到货数量/个	计划总量/个	使用部位	进场日期	备注
1	例：检修口	500×500	305		305	会议、会展中心天花		
2								
3								
4								

表 1-16　弱电专业设备尺寸汇总表

序号	系统分类	设备名称	设备尺寸/mm	开孔预留尺寸	安装高度	备注
1	例：综合布线系统	双口面板	86×96	预留底盒：标准 86 底盒	距地 0.3m，特殊标注除外	
2						
3						
4						

综合点位沟通与协调有如下几个标准。

（1）天花点位放线控制：整体点位应布局合理、美观，方便安装单位施工避让及孔洞预留。

（2）对喷淋烟感装置等进行强制定位。

（3）上下水点位放线控制：安装单位开孔及管道施工应统一尺寸并满足石材排版要求，避免后期洁具、五金安装出现位置偏差。

（4）墙面材料分割放线控制：开关面板、强弱电点位及设备要精准定位。

（5）开孔图点位须签字确认。

1.3.11 现场问题记录及施工放线技术交底

1. 现场问题记录

现场问题记录表（表1-17）即将施工现场的情况与深化设计施工图进行比对，出现问题的地方附上详细的问题说明、问题所在图号、图纸等，由设计师根据现场情况对深化设计施工图进行优化。

表1-17　现场问题记录表

序号	问题描述（图纸附件）	图号	图纸附件	设计回复	备注
1	例：防火卷帘处因受现场管道及风管影响，无法做成与天花2400 mm标高一致，此处需要降低标高	RC-CO	问题图纸截图		
2					
3					
4					

2. 施工放线技术交底

施工放线技术是测量放线前的必须工作，需充分理解设计意图及施工要求；核对图纸的设计尺寸及标高；检查总尺寸和分尺寸是否一致，总平面图和大样图尺寸是否一致，不符之处要及时进行核对修正。

放线是整个工程项目进入具体实施阶段的初始环节，也是核心基础环节。它是整个装饰工程的起点，也是现场所有不同材质交界面收口的关键点，通过了解各材质间的收口方式，确保所有后场加工材料的准确性。放线是对整个施工现场的复核，其质量好坏关系到能否实现该项目制定的质量目标。对施工员而言，放线要秉持"坚持到底，关注收头"的原则，在整个过程中须灵活运用标识牌、自喷漆、红外线放射仪、墨斗、卷尺等基础工具，将复杂的放线过程细分为五个关键性步骤，我们称之为五步放线法，包括基准线、水平线、地面线、墙面线和顶面线。

放线通过对建设工程定位放样的事先检查，来确保建设工程按照规划审批的要求安全、顺利地进行，同时应兼顾完善市政设施、改善环境质量，避免对相邻产权主体的利益造成侵害。

(1) 放线流程。

① 核对建筑控制点，引出总控制线。

② 根据总控制线按照深化设计图纸放出每个区域的十字控制线。

③ 放 1 m 水平控制线，同时对放线尺寸进行核对。

④ 测量尺寸。

(2) 放线要求。

① 要求总控制线从控制点引出，弹短线，东西方向贯通后，开始弹线并引至楼板底面。

② 根据控制线图纸测量墙体尺寸，要求每个墙面至少测量 4～5 个点，并复核墙面垂直度。

③ 根据 1 m 水平控制线测量楼底面高度，要求每个区域至少测量 5～8 个点。1 m 水平控制线往下少于 1100 mm 时，须特别注明。

④ 根据 1 m 水平控制线测量梁底高度。

⑤ 要求测量人员记录数据清晰，注明楼层并签字。

(3) 放线步骤。

① 基准线。

基准线的原始线其实是土建单位提供的轴心线，是施工场地地面的主控线，也是整个施工过程的基础线。在实际的施工过程中，装饰基准线的位置须因地制宜，必须是对土建单位提供的原始轴心线进行验线无误后而定下的正确基准线，在此前提下，方能视实际情况确定或平移基准线。

若施工项目已有土建单位移交的基准线，装饰单位施工员则须先对土建方提供的基准线进行复核，在土建方提供的基准线进行复核交接时双方负责人须同时在场，并准备红色自喷漆及海外装饰专用基准线铜牌，一次性落实基准线。若土建方提供的基准线准确且完整，则可将其喷漆标注为标准基准线，在装饰施工过程中直接使用。若土建方提供的基准线准确但被墙体部分掩挡，则须以其为基准，同时结合现场具体情况和实际尺寸放出装饰基准线，并确保装饰基准线准确、完整且无障碍物遮挡，在通过验线之后，最终确定基准线。

若工程为改建项目，现场无土建单位，装饰单位施工员则必须根据现场实际情况，自行确定基准线，若施工空间较大，则应先放出贯穿整体空间的总基准线，再据其放出内部小空间的基准线。

以下将以小空间内的五步放线法为例进行讲解。

在放置基准线之前，须先对红外线放射仪进行技术性检测，检测方法如下。

a. 随机选取墙面一点作为测试点，根据这一点放出红外线，在其余墙面或柱体上标出 3～4 点。

b. 将红外线放射仪从原先位置挪至其他任意位置，选取其中一个已被标注的点为基准点，观测其他标注点是否与其处于同一水平面上，若在同一水平面上，便可确定该红外线放射仪精准、可信，即其可以在具体施工过程中使用。

需要强调的是，在五步放线法的每一步实施之前都须检验红外线放射仪的准确性。若全程使用同一台红外线放射仪则该检测在后续施工中可以免除。

施工员在自行确定基准线时，其具体实施步骤如下（图 1-6）。

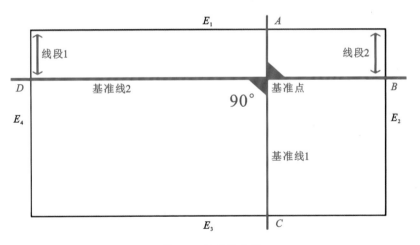

图 1-6　基准线放置

a. 将空间按顺时针方向划分为 E_1、E_2、E_3、E_4 四个面，施工员先将红外线放射仪放置在空间内任意一点，打开红外线放射仪放出 90°十字红外线，此时我们在 E_1、E_2、E_3、E_4 四个面得到四个点 A、B、C、D。

b. 为确保四点交线呈 90°, 即放射仪没有偏位, 须进行进一步验证, 首先量取 D 点至墙角的线段 1 的具体数值, 再量取 B 点至墙角的线段 2 的具体数值, 若两条线长度一致, 则证明此时放出的两条线与其相对应的墙面基本呈平行状态, 若数值偏差较大, 则需要重新调整红外线放射仪。

c. 施工员将确定无误的 A、B、C、D 点用铅笔标出, 并根据四点放线, 弹出两条基准线, 并用自喷漆标明基准线与基准点字样。

d. 在大空间内放置基准线且已放出总基准线时, 施工员须根据此线放出过道及各个小房间的基准线, 保证每条过道每个房间都有基准线, 为后期放地面线和墙面线做准备, 并确保小空间与大空间交接时不会出现大小头问题。

e. 在地面基准线全部放出后, 为防止基准线因磨损或墙体掩盖而丢失, 并给墙面造型线的放出提供准确参照, 施工员须利用红外线放射仪将地面基准线全部上墙, 上墙高度不得低于装饰顶面完成面, 并且确保红外线放射仪的放置点与地面基准线吻合, 同时要注意放射仪的垂直度无误差。

f. 如有门洞, 则还须放出门洞基准线 (图 1-7), 以已完成的地面基准线为基准, 根据图纸上的具体数值量出门洞基准线的具体位置, 并在地面标出该点, 根据此点利用红外线放射仪打出垂直红外线, 在门洞上方的墙体上弹出门洞基准线, 并用喷漆标出门洞宽度数值, 至此基准线放线完成。

② 水平线。

位于地面以上的 1 m 位置的水平线是放置墙面线的基础, 又称 1 m 水平线, 其准确度直接决定了墙面线的精准度, 对现场地面施工、顶面吊顶、后场加工影响巨大。

与基准线一样, 土建单位有时也会提供土建时所需的 1 m 水平线, 装饰单位在施工时同样需要先复核, 同时也要与交接单位共同使用仪器测量多处地面是否可行。注意: 在大空间内复核水平线时, 不能使用红外线放射仪, 而应使用水平仪, 因为红外线放射仪距离越远, 成像越模糊, 会导致误差。

如果水平仪不可行, 则须对此 1 m 水平线进行调整, 并用红色自喷漆喷上海外装饰水平线标注, 但装饰单位是不能随便改动标高的。若涉及改动场地标高, 则必须通过联系单位及召开会议来改动水平线的标高。

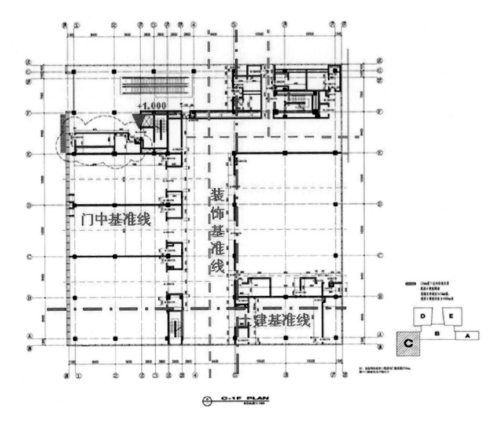

图 1-7　门洞基准线放置

若施工工程为改建项目，施工员则须自行放置 1 m 水平线，在放线前，应先调整红外线放射仪，通过调节水平气泡居中来确保其处于水平位置，待红外线放射仪调试完毕后，施工员选取室内任意一点，在任意高度，打开仪器放出水平十字红外线，投射到 E_1、E_2、E_3、E_4 四面墙体，这一步的目的是找出施工区域地面最高处。以最高点为标准，向上放出 1 m 水平线是水平线放置的重要原则，在四面墙角处分别标记出红外线映射的高度位置，并用卷尺量取标记点到对应地面的高度，在标记点旁边记录高度数值，对四点量取高度进行比较后，数值最小点处地面则为该施工区地面最高处，该点即为地面的最高点。

在一些特殊的施工空间内如有楼梯、石墩、电梯等制高点，则须依据楼梯、石墩、电梯等的装饰完成线高度，为地面最高点放出水平线。本案例只涉及一般情况，在找到地面最高点之后，我们便将该点作为放出水平线的基础点，以其位置为起点，水平向上或者向下量至 1.05 m，同时我们要注意完成面之下有哪些材料，比如地暖、地空调等，具体抬高多少是要根据实际情况而定的，量取合适高度后得到 1 m 水平线的对应点，为防止水平线磨损或被墙面装饰面掩盖，需要用三角标记将该点位置标出，此时施工员就可使用红外线放射仪依据被标记的这个点放出整个施工空间的 1 m 水平线，并用红色自喷漆喷上海外装饰水平线的标记，装饰完成后的 1 m 水平线至此放置完毕。

③ 地面线。

地面线包括墙面完成面线与地面造型线，墙面完成面线用以标识实际完成墙面的落点，地面造型线则可显示出施工场地地面的基本造型，为后期进一步装饰做充足准备。

a. 放置墙面完成面线（图 1-8）。施工员结合深化设计图纸，确定墙面在实际施工中的位置与尺寸，在准备工作完成后以基准线 1 为起点，在 E_1 面和 E_3 面分别沿墙体向 E_2 面方向放出图纸给定尺寸，在 E_2 面找到相应位置的点并予以标注，以此两点为基准拉线弹线，完成 E_2 面墙面完成面线。再以基准线 2 为起点，在 E_2 面与 E_4 面沿墙体向 E_1 面放出给定的尺寸，完成 E_1 面墙面完成面线。同理，完成其余 E_3、E_4 面墙面完成面线，至此，完整的墙面完成面线完成。

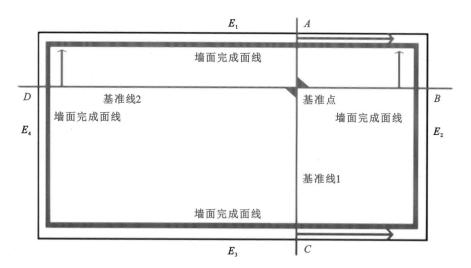

图 1-8　放置墙面完成面线

为防止墙面完成面线在后期施工过程中被部分覆盖，要将其全部上墙，特别是阴阳角位置的墙面完成面线。在阴角位置，不仅要把墙面完成面线上墙，还要把门框位置标注出来。在阳角位置，则应先在适当位置弹出一条直线作为临时基准线，再根据此临时基准线，量出该线距离墙面完成面线的具体数值，并将该数值标注在阳角墙面上。

b. 放置地面造型线。施工员根据已完成的基准线与墙面完成面线，按图纸要求，针对地面石材、地板、地毯、屏风等所在位置与形状放线，即地面造型线，此步骤须严格依照图纸进行，并注意一些特殊位置，如地插、活动家具、固定阴阳角等的位置。施工员对地面造型线和地面特殊位置，须用自喷漆做出详细标注。

④ 墙面线。

墙面线包括地面完成面线、吊顶标高线和墙面造型线。墙面的造型、装饰、材质等均体现在墙面线上，总体而言，墙面线对后期实际施工有着指示性作用。

a. 放置地面完成面线。地面完成面线显示的是最终完成地面高度，以 E_2 面为例，施工员首先找到水平线与 E_2 面墙面基准线以及两端的墙面完成线的交点，并以此为起点，沿墙面基准线垂直向下 1 m，得到三个地面完成面线的完成高度点，并予以标注，随后施工员在起点和标注点之间进行拉线、弹线，放出 E_2 面的地面完成面线，并进行标注。同理完成其余三面墙的地面完成面线。

b. 放置吊顶标高线。同地面完成面线的找取和标注方式一样，施工员选取水平线与基准线以及墙面完成线的交点为起点，结合深化设计图纸，垂直向上放出标准距离，随后放出吊顶标高线，并将吊顶造型线根据图纸 1:1 上墙放出吊顶完成面线，最后用自喷漆进行着重标注。

c. 放置墙面造型线。施工员须依据深化设计师提供的局部调整平面图，利用水平线和墙面基准线，严格按照精准尺寸来测量找点，完成开关、插座等特殊位置的点位线。在标注开关、插座等的点位线时，要注意电工提供的开关位置往往与实际情况存在偏差，如果其位置处在造型线上或紧贴造型线等，则应根据现场实际情况避开墙面装饰并保持视觉上的美观，将其放置在更为适宜的位置上，同时要注意各隐蔽设施在墙面上的开关，比如报警铃、按钮、手纸架、烘手器等。

墙面造型线放完后，不能马上进行标注，需要施工员进行验线才可确定墙面造型线是否准确，此步验线过程为施工员随机选取墙面造型线的任意两点进行复尺，确保测量得到的尺寸与设计要求尺寸零误差，在此前提下才可用自喷漆做墙面造型线标注，待墙面造型线完成后，墙面线便全部完成了。

⑤ 顶面线。

顶面线即为反映顶面外框与造型的面线，因部分面线无法直接在顶面上放置，于是在实际施工过程中，我们通过将其映射到地面上，来实现顶面线的绘制。

a. 放置顶面外框线。施工员结合放线图的实际尺寸，以基准点为起点，向外按图纸所示尺寸在两条基准线上找到四个点，由四点分别向其两侧放出给定尺寸，由此得到顶面外框的四个角点，按三点一线原则，施工员在四面依次拉线、弹线，从而放出顶面外框线。施工员再根据放线图，在顶面外框线的基础上，沿外框向内缩进给定距离，放出顶面设计框线，并把材质、尺寸用自喷漆标注出来。

b. 放置顶面造型线。施工员根据综合点位图，结合现场实际情况，放出灯具、风口、烟感等的造型线，并用自喷漆进行标注。同时，为了提醒工人在顶面龙骨施工时预留灯具、风口的位置，要把所有的点位反映到墙面上，即将灯位、风口、烟感等造型线上墙并喷涂标记。

1.3.12　深化设计图纸管理与下发登记

深化设计图纸管理要符合各项目资料管理办法，既符合规定的文件资料分类、编制、收发原则，又符合施工图纸、技术资料（设计变更）的管理程序和要求。

文件资料分为技术文件和资料、质量文件和资料、施工文件和资料、其他行政文件和资料、HSE文件和资料等。深化设计师需要协调管理技术文件和资料中的项目设计类图纸（资料）接收登记本，其中包含项目概况简表（表1-18）和项目设计类图纸（资料）发放登记表（表1-19）。

表 1-18　项目概况简表

项目名称				
项目地点				
合同造价				
合同工期				
施工区域				
建设单位				
设计单位				
监理单位				
总包单位				
管理人员	项目经理：	物资负责人：	综合工长：	测量放线负责人：
	项目副经理：	安全负责人：	水电工长：	测量放线专员：
	技术负责人：	资料负责人：	木工工长：	设计总负责人：
	生产经理：	质量负责人：	泥水工长：	设计驻场负责人：
	商务负责人：		油漆工长：	设计师：

	供应商名称	对接人	联系电话	供应商名称	对接人	联系电话
供应商名录						

表 1-19　项目设计类图纸（资料）发放登记表

序号	发件内容简述	介质	数量	发件单位	发件人（电话）	发件时间	收件人（电话）	备注
1								
2								
3								
4								

1. 3. 13　配合专业厂家进行图纸深化设计

配合石材、木饰面、玻璃、不锈钢等厂家做好图纸深化设计，并做好交底、协调、检查、核对工作。根据实际需求绘制相应现场尺寸交底图纸、下单图纸、下单材料表、加工图清单等。以下以石材和木饰面为例说明图纸深化设计注意事项。

1. 石材厂家图纸深化设计

（1）石材墙面中 20 mm 厚的单块石材板面面积不宜大于 1.0 m²。

（2）石材墙面设计时应注意提出石材纹路的排版方向性。石材纹理走向必须在图纸中标注清楚，保证排版整齐、美观。

（3）金属干挂件连接板截面尺寸不宜小于 4 mm×40 mm。

（4）板销式挂件中心距板边不得大于 150 mm，两挂件中心间距不宜大于 700 mm，边长不大于 1 m 的 20 mm 厚板每边可设两个挂件，边长大于 1 m 时应增加一个挂件。

（5）石材开槽口不宜过宽，花岗石槽口边净厚不得小于 6 mm，大理石槽口边净厚不得小于 7 mm。

（6）基层竖龙骨膨胀螺栓固定时必须搭接在墙体混凝土拉接梁上，与竖龙骨相连无混凝土主体构件时，须采用对穿螺栓及钢板固定。

（7）对于石材嵌缝，应按照设计意图选择合适的石材嵌缝节点，石材应做好六面防护，倒角的位置要见光处理。

（8）对于阳角收口，应根据设计意图选择石材阳角收口样式，石材转角易崩边、破损，阳角收口处理应严格审核把关。

（9）对于收口细节，装石材抽槽板或开槽板时，要预先考虑好其与光面板、木饰面搭接处的关系处理，否则墙面阴角处会出现小洞而无法修补。

石材下单表见表 1-20。

表 1-20　石材下单表

序号	区域	使用部位	材料名称	规格型号	数量/m^2	备注
1	例：大厅地面	1 层公共区域地面	新安娜米黄	18 mm 厚光面	3100	
2		1~2 层走道地面	新安娜米黄	18 mm 厚光面	950	
3			咖啡网纹	18 mm 厚光面	2	
4			咖啡玛雅	18 mm 厚光面	0.5	
5						
6						
7						

2. 木饰面厂家图纸深化设计

（1）木饰面工艺缝处理注意事项。

① 当工艺缝小于 5 mm 时，工艺缝槽内应做与大面颜色相近的油漆，当工艺缝大于等于 5 mm 时，工艺缝槽内应贴木皮做面漆。

② 工艺缝尽量处理在人站立时自然视角不可见范围内。

（2）木饰面分块原则。

① 尽量按标准板件尺寸来分割。

② 一个墙面或空间，尽量减少分块模数尺寸，可以用调节板来调节余量尺寸。

③ 如果有顶角线和踢脚线，应尽量考虑与中间的木饰面分开做，既方便运输又方便安装。

（3）木饰面安装过程中的先后原则。

① 先安装大面积木饰面，后安装小面积木饰面。

② 先安装墙面木饰面，后安装门框、柱子、窗套等木饰面。

③ 先安装木饰面，后安装顶角线、腰线、踢脚线等。

④ 木饰面中间有软硬包、镜面、玻璃、墙纸的，先安装木饰面，后安装软硬包、镜面、玻璃、墙纸等。

木饰面与石材收口示意图见图 1-9。

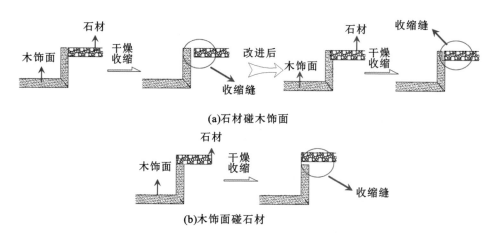

图 1-9 木饰面与石材收口示意图

1.3.14 图纸优化

图纸优化即找出原设计存在的问题，对不利因素进行分析，提出优化措施以及优化方案的适用范围，解决原设计中存在的问题。

案例 1：优化异形墙面石材集成加工工艺（图 1-10）

原设计：墙面边长 120 mm（六边形）石材饰面，石材粘贴留缝 2 mm，大理石加强型胶泥粘贴。

不利因素分析：（六边形）异形石材规格小，加工成本高，规格精准度不足，粘贴缝隙易错缝，缝隙不均匀，现场施工难度大，工作效率低，工程质量难以保证。

优化措施：更改石材加工工艺，将墙面进行单元式分块，将小块六边形石材变成大规格单元块板拼贴。

如何获得建设单位认可：进行深化设计，并进行现场样板施工，将深化设计图及样板同时送设计方及建设单位确认。

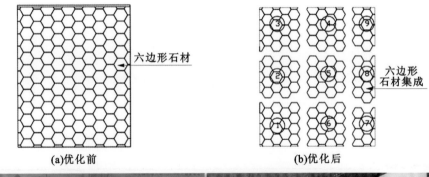

(c)实物图

图 1-10　优化异形墙面石材集成加工工艺

取得效果：小块多边形加工费用大于大规格单元块雕刻费用，优化加工工艺，减少加工成本，小块多边形粘贴工作效率低，大规格单元块粘贴缝隙均匀且表面平整度更好，降低了石材粘贴施工难度，提高了工作效率和工程质量。

适用范围：异形墙面石材加工及施工。

案例 2：优化卫生间天花淋浴花洒顶龛安装方式（图 1-11）

原设计：卫生间天花淋浴花洒顶龛采用多层夹板制作，刷防腐涂料，外刮腻子，涂刷防水乳胶漆。

不利因素分析：卫生间天花淋浴花洒圆筒凹形镶入式顶龛，采用夹板制作工作效率低，在卫生间潮湿及有蒸汽区域容易变形及受潮脱层，质量难以保障。

优化措施：通过优化卫生间天花淋浴花洒顶龛做法，将原夹板制作改为预铸式玻璃纤维加强石膏板（glassfiber reinforced gypsum，GRG）成品，吊杆直接将 GRG 成品顶龛吊装于天花定位点并固定。

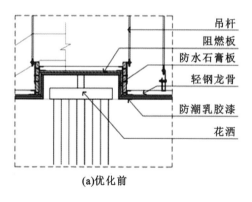
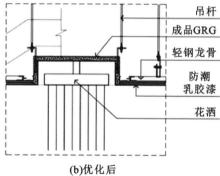

(a)优化前　　　　　　　　　　　　　(b)优化后

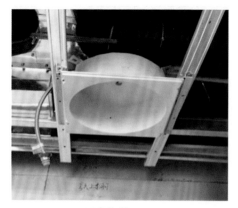

(c)实物图1　　　　　　　　　　　　(d)实物图2

图 1-11　优化卫生间天花淋浴花洒顶龛安装方式

如何获得建设单位认可：进行深化设计，并将成品淋浴花洒顶龛进行现场样板安装，将深化设计图及样板同时送设计方及建设单位确认。

取得效果：淋浴花洒顶龛采用 GRG 材料制作的比采用夹板制作成本低，且其可在厂进行标准化制作，安装简单、快捷，工作效率高，GRG 材料不会因受潮湿及蒸汽影响而变形，质量有保障。

适用范围：酒店公共区域、办公空间、住宅卫生间天花顶龛或壁龛施工。

案例 3：优化圆柱装饰面安装方式（图 1-12）

原设计：圆柱装饰面采用多层夹板龙骨，面封夹板基层，面饰装饰板。

不利因素分析：原设计材料损耗大，工作效率低。

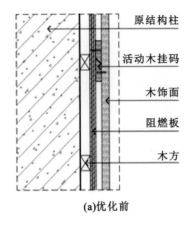 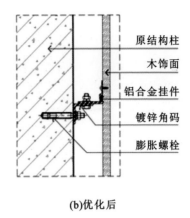

(a)优化前   (b)优化后

图 1-12 优化圆柱装饰面安装方式

优化措施：通过优化柱面装饰板基层做法，将原夹板龙骨去除，装饰木饰面按设计图要求进行等分，并在厂里加工成半成品，进场后按排版编号采用金属配件安装。

如何获得建设单位认可：进行深化设计，并进行现场样板施工，将深化设计图及样板同时送设计方及建设单位确认。

取得效果：木饰面预先在工厂生产为半成品，在施工现场可直接进行安装，从而节省基层材料成本，提高安装工作效率，降低人工成本。除此之外，装饰挂板采用装配式安装方式，有利于保护成品，保障质量。

适用范围：酒店公共区域、办公空间、住宅等柱面装饰。

1.3.15 设计变更梳理

设计变更是指项目自初步设计批准之日起至通过竣工验收正式交付使用之日止，对已批准的初步设计文件、技术设计文件或施工图设计文件所进行的修改、完善、优化等活动。设计变更应以图纸或设计变更通知单的形式发出（表 1-21～表 1-23）。

表 1-21 工程变更立项审批表

变更名称		变更编号		变更类别	
提议单位					

提议（申请）单位描述（变更部位、内容、原因，包括费用分担及理由等）

例：

根据车站设备中心〔2022〕××号工作联系单"关于落实《××安全评估技术规范》联络通道防火门运行状态和故障状态的监视报警功能"要求，××〔2022〕××号会议纪要（5、9号线站后调度例会纪要），设计有关问题：区间联络通道防火门增加监视。此项为增加项，施工变更增加总造价7.27万元，其中××标段增加造价估算2.47万元，9112-7标段增加造价估算4.8万元。

经办人：　　　　日期：　　　　负责人：　　　　日期：（单位章）

设计单位（工点设计院）：

经办人：　　　　日期：　　　　负责人：　　　　日期：（单位章）

总体院（如有）：

经办人：　　　　日期：　　　　负责人：　　　　日期：（单位章）

监理单位（包括费用分担及理由等）：

经办人：　　　　日期：　　　　负责人：　　　　日期：（单位章）

项目主管部门［包括费用分担及理由等（会签Ⅰ、Ⅱ、Ⅲ、Ⅳ类）］：

经办人：　　　　日期：　　　　负责人：　　　　日期：（单位章）

设计中心［包括费用分担及理由等（会签Ⅰ、Ⅱ、Ⅲ、Ⅳ类）］：

经办人：　　　　日期：　　　　负责人：　　　　日期：（单位章）

合约中心［包括费用分担及理由等（会签Ⅰ、Ⅱ、Ⅲ、Ⅳ类）］：

经办人：　　　　日期：　　　　负责人：　　　　日期：（单位章）

专业技术委员会上会情况（Ⅰ、Ⅱ类）：

本变更已通过　年　月第　次专业技术委员会审议（详见附件）

集团公司技术委员会上会情况（Ⅰ类）：

本变更已通过　年　月第　次技术委员会审议（详见附件）

続表

业务部门分管领导（批Ⅲ类，审签Ⅰ、Ⅱ类）：	签字：	日期
合约部门分管领导（审签Ⅰ、Ⅱ类）：	签字：	日期
总经理（审签Ⅰ类，批Ⅱ类）：	签字：	日期
经营班子会议意见（批Ⅰ类）： 本变更已经　年　月第　次深铁建设经营班子会议审议（详见附件）。		

表 1-22　工作联系单

编号		发单时间		急缓程度	一般
标题					紧急
附件					
签发		部门负责人 （项目负责人）		会签 （校核）	经办
主送		抄送			
主要内容					

表 1-23　工程变更申请单

工程名称：_____

合同编号：_____

工程变更名称		变更编号	
原设计名称		图号	
变更类别	□Ⅰ类　　□Ⅱ类　　□Ⅲ类　　□Ⅳ类		

变更原因：□1 报建　　□2 勘察　　□3 设计　　□4 施工 □5 技术标准或功能变化　　□6 不可预见因素　　□7 其他_____	
工程变更责任主体： 建设单位	
原设计情况（可另加附页）：	
现场实际（可另加附页）：	
变更原因、理由和合同依据（详见支持材料）：	
变更方案（包含内容、范围，附图，工程量及费用等计算资料）：	
估算造价增减：增____万元；减____万元（见估算表）	工期影响：延迟____天；提前____天
编制人（签字）：　　负责人（签字）：　　提议单位（章）：　　日期：	

注：此表由提议单位填报。提议单位须明确费用分担及理由。

设计变更无论是由哪方提出，均应由监理部门会同建设单位、设计单位、施工单位、建设单位协商，经过确认后由设计部门发出相应图纸或说明，并由监理工程师办理签发手续，下发到有关部门付诸实施。

目前设计变更一般有两种形式：一种是由设计单位发出的设计修改通知单；一种是设计变更交底纪要。

1.3.16　竣工图

竣工图就是在竣工的时候，由施工单位按照施工实际情况画出的图纸，因为在施工过程中难免有修改，为了让客户（建设单位或者使用者）能比较清晰地了解土建工程、房屋建筑工程、电气安装工程、给排水工程中管道的实际走向和其他设备的实际安装情况，国家规定在工程竣工之后，施工单位必须提交竣工图。

竣工图包含以楼层编制的图纸目录、按照现场实际材料名称修改的材料表、参照门表范本编制的门表、横向剖面节点图、隐蔽节点图，并按图号整理施工图变更文件和变更图纸，提交全套施工图纸（见第 1.3.1 节"施工图"）。

竣工图交付标准如下。

（1）竣工图的绘制（包括新绘和改绘）必须符合国家绘图标准。竣工图编制工作由编制单位工程技术负责人组织、审核、签字，并承担技术责任。

（2）竣工图的绘制必须依据在施工过程中确已实施的图纸会审记录，设计修改变更通知单、变更令，经设计单位确认的工程洽商联系单，以及隐蔽工程验收记录或工程实测实量数据等已形成的有效文件进行编制，确保图物相符。

（3）在原施工图上进行修改补充的，要求图面整洁，线条清晰，字迹工整，使用绘图墨水进行绘制，严禁用圆珠笔或其他易褪色的墨水绘制或更改注记。所有的竣工图必须是新蓝图。

（4）工程竣工图必须严格按比例绘制。平面图中应标明工程中线起点、转角点、交叉点、设备点、曲线等平面要素的位置坐标及高程。

（5）竣工图应基本遵循原设计文件的目录格式及顺序进行编撰。若有变更，应在竣工图目录后增加与原图的对照表。

（6）竣工图一盒为一卷，一张图一个页码号（包括竣工图纸封面页和竣工图目录）编打在图纸的右下角，从 1 开始至本卷图纸尾张页码号止。卷内目录不编案卷页码号，错编页号采用黑色墨水笔平直画线，在错号附近空白处补编页码号。竣工图纸质目录范例见表 1-24。竣工图文件归档格式为：卷数-页码（后加空格）页码号图名。例如"380-15 22D02SS06WOOZS02010A 车站主题结构设计总说明"。竣工图文件须保存为 DWG、PDF 格式。

表 1-24　竣工图纸质目录范例

序号	文件编号	责任者	文件题名	日期	页次	备注：是新图还是旧图修改，如为旧图修改，须说明修改条数
施工文件——××竣工图						
1	例：3/11/D07/S/SQ1/WOO/YT	××公司	某地第二册第六分册竣工图封面	2022.04.20	1	
2						
3						

（7）竣工图不打孔装订，以一盒为一卷，要求新蓝图采用竖向手风琴式折叠，折叠后的图纸为四号图幅大小［参见《技术制图　复制图的折叠方法》（GB/T 10609.3—2019）］，且露出会签栏正面。各份图纸应在卷内目录上逐份揭示。竣工图应根据归档案卷的厚度选用档案盒，避免盒内空荡。

（8）卷内目录内容必须填写完整，"序号"填写本卷文件的顺序号；"文件编号"填写本份文件的编号；"文件题名"填写本份文件的名称；"日期"填写本份文件的产生起止日期，对产生周期太长无法填写准确起止日期的，可填写开工至竣工日期。

（9）竣工图章使用方法。施工中无变更的工程，由施工单位用不易褪色的红色印泥在施工图会签栏上方空白处加盖竣工图章，并由施工单位和监理单位签署。如果整个标段无变更，还须施工单位出具一张无变更证明，经监理工程师签字加盖注册章即可。竣工图章范例见图1-13。

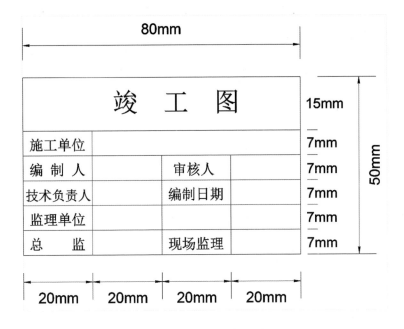

图 1-13　竣工图章范例

竣工图章填写应注意以下事项。

① 施工单位和监理单位可以在刻竣工图章时把单位名称一起刻上。

② 施工单位和监理单位都要写公司名称，不能写项目部。

③ 竣工图章里签字即可，不用再盖注册章。

④ 凡在施工中有一般性变更，能够在原设计施工图上加以修改补充的，可不必重新绘制竣工图，由施工单位在修改部位杠改，并在修改部位附近空白处引线指示，盖上修改标志章（15 mm×40 mm）（图 1-14）。

见设计变更通知单	见工程洽商单	见图纸会审记录
年 月 日 第 号 条	年 月 日 第 号 条	年 月 日 第 号 条

图 1-14　修改标志章

⑤ 用规范语言（如示例中"见××单"）注明修改单日期、号、条或洽商记录等文件的编号，加盖竣工图章即可作为竣工图。

⑥ 凡施工图结构、工艺、平面布置等有重大改变，或变更部分超过图纸 1/3 的，应当重新绘制竣工图。凡重新绘制的竣工图，应当保留原设计

单位会签栏，在原会签栏左下方或右上方增加编制单位副会签栏，填写编制单位，且绘制人、审核人、技术负责人签名俱全（注：不管施工图有没有变更，要重新出图作竣工图的必须加副会签栏）。副会签栏格式如图 1-15 所示。

竣工图编制单位	深圳市××	有限公司
绘　制　人	郑××	
审　核　人	李××	
技术负责人	曾××	
编制日期	2007年5月30日	

图 1-15　副会签栏格式

副会签栏的格式要求如下。

a. 尺寸无严格规定。位置相邻于原会签栏左下方或右上方。

b. 电子版图纸可以直接输入人名，纸质蓝图的竣工图可以在晒图时手签人名，如果蓝图和竣工图章签字的人员是相同的，出图时可以不签名，只签竣工图章即可。

c. 原设计会签栏的名字，可以直接打印上去（如果是电子签名，则要删掉后再把名字打印上去）。

d. 重新出图时，绘图和晒图不能缩小比例，一定要与原图一样，封面也要有副会签栏。

e. 施工单位重新出图作竣工图的，盖施工单位竣工图章即可，不用再找原设计单位盖任何章。特别注意，2006 年以后设计院出的房屋建筑（隧道除外）施工图必须有三章：注册结构师（建筑师）章、出图章、审图章。

（10）设计变更通知单、工程技术联系单等按专业编号顺序排列，做出详细的卷内目录，备注上注明对应的修改图号，如果联系单不连号，需要设计单位列出变更汇总目录，并签字盖章（也可由施工单位汇总，总监理工程师签字盖章认可）。工程洽商记录（联系单）汇总表见表 1-25。

表 1-25　工商洽商记录（联系单）汇总表

序号	编号	形成单位	文件题名	日期	备注
1	例：2/2/D02/DOO/C/WD0/LD/0976/2007	××公司	关于修正××的函	2022.4.22	
2					
3					
4					

　　竣工图要如实反映工程竣工后的实况，竣工图章只在最终的竣工图纸上加盖。所有的竣工图完成后，在竣工图目录后增加"修改变更与原设计图对照表"（表 1-26），表中变更图图号要与原图号一一对应。

表 1-26　修改变更与原设计图对照表

序号	原设计图	变更图图号	变更来源	备注	卷号、页码
1	例：2/2/D02/S/S08/WOO/QT/02014/A		主体结构图纸会审第 1、3、4、18 条		214-4
2					
3					
4					

（11）竣工图扫描注意事项如下。

① 彩色扫描，分辨率为 200 dpi 以上。

② 尽量由单位完成扫描，如果要找外部人员扫描，应与店家签保密协议。

③ 扫描前要仔细检查每张图，确保无漏签字的图纸，发现问题应及时整改。

④ 扫描后要检查每张图，确保无漏扫或者扫描不完整、不清晰的图纸。

⑤ 注意竣工图档号章的使用，文字资料、卷皮及卷盒无须使用归档章，竣工图在整理时由于不装订，应加盖归档章。归档章应使用黑色印油，加盖在每张折叠好（竖向手风琴式）的竣工图右上角空白处。

02

装饰工程数字化
设计

2.1 装饰工程数字化设计背景

2.1.1 政策层面

1. 国家要求加快数字化发展，建立数字中国

《"十四五"规划和2035年远景目标纲要》提出"以数字化转型整体驱动生产方式、生活方式和治理方式变革"，要求加快推动数字产业化、推进产业数字化转型。

《2021—2027年中国建筑业行业市场运行格局及战略咨询研究报告》显示：近年来，我国生产总值呈逐年增长趋势，2020年国内生产总值102万亿元，比上年增长3万亿元，突破了100万亿元大关。随着我国经济的快速发展以及城镇固定资产投资额的快速上升，建筑行业在发展过程中获得了更多的资金和良好的市场机遇，2020年全国建筑业总产值26.4万亿元，占国内生产总值的25.88%，如图2-1所示。

建筑行业集成了数字经济中数字产品制造业、数字产品服务业、数字技术应用业三大应用场景，其数字化转型迫在眉睫。

2. 国家公开示范各地经验做法

在《住房和城乡建设部等部门关于推动智能建造与建筑工业化协同发展的指导意见》（建市〔2020〕60号）发布后，各地围绕数字设计、智能生产、智能施工等积极探索，在推动智能建造与新型建筑工业化协同发展方面取得了较大进展。2021年7月28日，住房和城乡建设部总结经验做法公示了《智能建造与新型建筑工业化协同发展可复制经验做法清单（第一批）》。

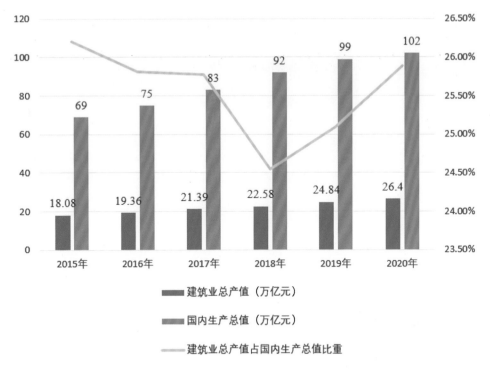

图 2-1 2015—2020 年中国建筑业总产值及其占国内生产总值比重

2.1.2 行业层面

1. 以数字化、智能化升级为建筑业发展动力

《住房和城乡建设部等部门关于推动智能建造与建筑工业化协同发展的指导意见》就指出："以大力发展建筑工业化为载体，以数字化、智能化升级为动力，创新突破相关核心技术，加大智能建造在工程建设各环节应用，形成涵盖科研、设计、生产加工、施工装配、运营等全产业链融合一体的智能建造产业体系。"

2021 年，中国建筑业协会发布了《建筑业企业信息化应用分析（数字化转型白皮书）》，该书对参与第六届建筑业企业信息化建设案例申报的建筑业企业的数字化应用情况进行调研，被调研企业主营项目类型集中在房建、市政、装修装饰及公路、铁路，其中装修装饰占比 74.40%，位居第三，见图 2-2。

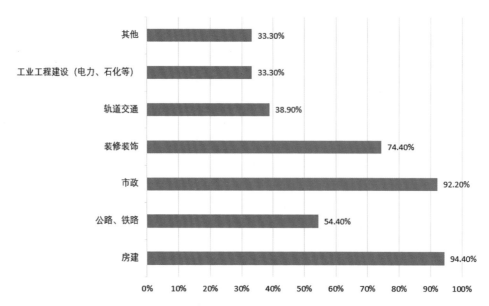

图 2-2 《建筑业企业信息化应用分析（数字化转型白皮书）》中
有关建筑业企业的数字化应用情况

2. 以全产业链、全生命周期的数据融合为装饰 BIM 发展方向

第四届互联网＋BIM 大会·饭店业峰会上，一千零一艺（ART1001）首席技术官朱兆峰发表了以"阿拉丁互联网设计院助力装企数字化转型"为主题的演讲，提出设计、施工、供采、运维等全产业链、全生命周期的数据融合，才是装饰 BIM 的发展方向。

3. 以"新基建"为装饰行业发展工具

装饰行业数字"新基建"包括基于第五代移动通信技术（5th generation mobile communication technology，5G）、虚拟现实（virtual reality，VR）、增强现实（augmented reality，AR）、BIM 的云设计平台，装饰行业大数据中心，装饰行业人工智能，装饰工程工业互联，并应用"BIM＋大数据＋AI 算法"提升行业生态中各个环节的生产效率和生产力。

2.1.3　企业层面

1. 国家要求打造建筑类企业数字化转型示范

2020 年 8 月 21 日,《国务院国资委办公厅关于加快推进国有企业数字化转型工作的通知》中提出要打造建筑类企业数字化转型示范,重点开展建筑信息模型、三维数字化协同设计、人工智能等技术的集成应用,提升施工项目数字化集成管理水平,推动数字化与建造全业务链的深度融合,助力智慧城市建设,着力提高 BIM 技术覆盖率,创新管理模式和手段,强化现场环境监测、智慧调度、物资监管、数字交付等能力,有效提高人均劳动效能。

2. 企业间加强交流与成果分享

2020 年 8 月 31 日—9 月 2 日,中国建筑装饰协会与上海万耀企龙展览有限公司联合举办了 "2020 中国建筑装饰数字化和内装工业化大会暨建筑装饰行业数字化和工业化先进技术与成果展",解读行业数字化转型和工业化发展的政策与趋势,解决企业数字化转型难题,分享经典案例与重要成果。

2.1.4　项目层面

在设计阶段,数字化能提供完成设计工作及展示设计成果的理想平台,也能提供协同工作平台,降低沟通成本,缩短项目周期。如国家雪车雪橇中心项目,借助参数化设计工具实现正向设计、风环境及照明模拟、查错优化,批量导出数据及加工图纸,并利用企业平台形成 BIM 体系的项目实施管控。

在施工阶段,数字化能准确、及时地验证施工方案,缩短施工工期。如浦东新区污水处理厂污泥处理处置新建工程,借助 BIM 技术及信息化手段,通过三维设计平台对工程项目进行精确设计和施工模拟,围绕施工过程管理,建立互联协同、智能生产、科学管理的施工项目信息化生态圈,实现工程施工可视化智能管理,以提高工程管理信息化水平,从而逐步实现绿色建造和生态建造,在整个项目实施过程中实现数字化建设。

2.1.5 设计师层面

设计师可以借助数字化工具解决设计问题，例如多种方案比选等；可以利用数字化工具将通用的构件、工艺文字、工艺节点等整理成二维或三维的资源库，减少大量重复性工作并进一步规范一些制图标准和工艺，提高工作效率；可以借助数字化工具与其他专业人员进行协同工作；可以利用数字化工具进行设计方案及设计思想的图示表达等。

2.2 装饰工程数字化设计现状

数字化技术包括 BIM、三维扫描、三维打印、虚拟施工、信息化管理等。在工程施工过程中常运用多种技术手段，以实现对建设工程全生命周期的信息共享与传递，对其物理周期和功能进行更科学、高效的数字化表达。

装饰工程的数字化技术主要体现在工程中的方案设计、施工图设计、深化设计、场外加工、现场安装与管理、竣工交付之中，并且贯穿了方案设计—施工深化—竣工—运维与拆除的整个建筑装饰施工流程。

2.2.1 设计企业方案设计、施工图设计阶段的数字化设计

设计企业在方案设计阶段与施工图设计阶段的数字化设计应用场景与方式见表 2-1，涉及的数字化技术主要有虚拟现实技术、计算机应用软件技术以及人工智能技术等。此外，基于数字化云平台的新型设计方式也是目前室内装饰数字化设计的一匹"黑马"，多用于家装家具行业。其提供了一种网络模式下将信息资源进行计算、设计和共享的新型设计方式，打通了设计师、企业设计、商品的全链条，可以作为今后装饰工程数字化设计发展的重要方向。

表 2-1   设计企业在方案设计阶段与施工图设计阶段的数字化设计应用场景与方式

设计阶段	应用场景	应用方式
方案设计阶段	方案创作	利用计算机的运算速度快、计算精度高、逻辑性强等特点来计算大量的数据，并在设计方法、工作手段、创作思维等方面充分地利用计算机辅助建筑设计技术、数字化技术、虚拟现实技术等，轻松、快捷地做出建筑装饰设计方案
	设计效果表现	可将虚拟空间真实的灯光效果及材质肌理真实地体现出来，甚至可利用虚拟现实技术实现交互体验。既可解决设计师与建设单位、施工人员、其他非专业人员之间的沟通障碍，又保持了信息沟通的互动性、时效性
	设计思维展示	一些信息借助数字媒体来传播，媒体就是人们为表达思想或情感所使用的手段、方式或工具。媒体赋予计算机制作出来的视觉作品以新的意义
	知识库沉淀	所有资料都可以以电子资源的形式存储在计算机中，可备份多份，安全且方便携带，便于资源共享，省时省力，并进一步形成资源库或模板
施工图设计阶段	方案优化	设计人员根据掌握的项目的有关具体信息，建立 BIM 模型，并添加相关的设计信息，利用模型的可视化、模拟性、协同性等特性进行设计优化
	成果导出	设计人员直接利用 BIM 模型导出明细表和施工图纸，由于 BIM 技术的实时更新特性，在模型调整后，相应的图纸也会自动更新
	设计审查	利用 BIM 模型进行施工图审查

2.2.2   施工企业深化设计阶段的数字化设计

施工企业在深化设计阶段的数字化设计应用场景与方式见表 2-2，该阶段主要是对数字化建造技术的综合运用，表达建筑信息模型在测量、建造等实际过程中的信息要点，是数字化、虚拟化、精细化控制建筑信息模型的深层次利用。

表 2-2　施工企业在深化设计阶段的数字化设计应用场景与方式

设计阶段	应用场景	应用方式
深化设计阶段	项目的深化设计阶段	运用三维扫描与逆向建模技术，提升测量的效率与准确性；基于 BIM 模型进行深化设计，利用参数化软件可以建立复杂的装饰面造型，并且能够实现可视化展示、设计方案比选、碰撞问题检查等工作
	生产加工过程	基于 BIM 模型的饰面板划分与信息提取，精确分块，导出图纸后可直接下单；可利用手持式三维扫描仪对制作好的模具进行复测，并与下单模型进行比对，控制加工过程中的精度
	安装环节	放样机器人可为饰面板块在三维方向上的定位提供可靠的数据
	施工阶段前期	运用三维技术模拟现场实景验证施工方案
	整体施工过程	施工企业对项目全过程的数字化施工管理，实现成本费用调控、工期调控以及质量跟踪与监控，可视化模型可提升信息传递的准确性，从而加快整个项目的进度
	竣工交付	可以使用扫描设备对装饰面安装位置进行复核。同时，BIM 模型中的数据能够快速统计投影面积与实际面积，为工程结算提供精确的数据基础，辅助竣工图提交与工程量统计

2.3　装饰工程数字化设计发展过程

2.3.1　基于 2D 的设计制图

早期的建筑设计作品基本都是通过手绘进行传达的，这是建筑创作较为古老、原始的方式，绘图员或设计人员采用三角板、丁字尺、圆规、不同粗细的铅笔等工具，根据设计意图全手工绘图。手工绘图工作量大，工作强度高，修改烦琐且影响图面效果。

20世纪70年代到90年代，计算机在建筑设计领域应用逐步发展，计算机绘图逐渐代替了传统的手绘，计算机辅助绘图（computer-aided architectural drawing，CAD）慢慢地走入设计工作者的眼帘。计算机辅助建筑绘图的初期，主要是以二维图形绘图为主，其中以平面CAD（以下简称为CAD）为主导软件，已经延续了多年。CAD软件的问世与普及使建筑设计师摒弃了传统设计模式中的手绘制图，转而借助计算机并应用CAD软件技术进行辅助制图，因此可将CAD技术在建筑行业的普及定义为建筑界的第一次信息化革命。

在平面CAD软件中，绘图的过程实际上是修改图形数据库的过程，其基本优势在于它的精确性、易重复性、易修改性和易保存性。单纯从图形的绘制来说，CAD较手绘图纸可以成百倍地提高效率。

2.3.2 基于 3D 的可视化设计

20世纪末期到21世纪初期，3ds Max、SketchUp、Vectorworks、Maya、Rhino等三维设计软件成为建筑创作的主要设计工具。三维可视化设计的出现，暴露出二维设计的一系列问题——由于二维设计制图的独立性，多专业之间信息沟通不便，专业人员与非专业人员交流困难，给设计、实施成本、工期、进度都带来很多不可控因素。

而在三维可视化设计过程中，可以利用三维设计软件（表2-3），数字化展现建筑物以及周围环境，得到现实世界的电子模型，而后按照真实的三维位置关系放置建筑模型，同时加上建筑模型的细节（如建筑外立面的设计），准确地表达环境的美学特征。这使得设计师对于建筑设计和设计方案的展现变得更加方便和形象。

表 2-3 三维设计软件介绍

软件名称	软件功能
3ds Max	三维建模、动画和渲染软件
SketchUp	直接面向设计方案创作过程的设计工具
Vectorworks	提供许多精简但强大的建筑及产品工业设计所需工具的模组

软件名称	软件功能
Maya	电影级别的高端三维模型制作软件
Rhino	自由曲面建模软件
CATIA	一款 CAD/CAE/CAM 一体化的计算机图形辅助三维交互式应用软件，是产品全生命周期管理（product lifecycle management，PLM）协同解决方案的重要组成部分

2.3.3　基于 BIM 的虚拟设计与施工技术

BIM 技术是基于三维建筑模型的信息集成和管理技术，在 2002 年由 Autodesk 工程师正式提出。BIM 技术主要是应用单位使用 BIM 建模软件构建三维建筑模型，模型包含建筑所有构件、设备等的几何和非几何信息以及反映它们之间关系的信息，模型信息随着建设阶段的推进不断增加。

BIM 技术的产生为更加精细的设计与管理提供了可能，将更加完美的设计蓝图描述得更加形象，被人们普遍接受。BIM 技术优势见图 2-3。

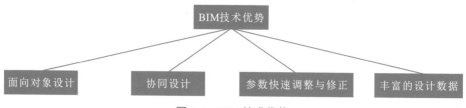

图 2-3　BIM 技术优势

虚拟设计与施工技术（virtual design and construction，VDC）的实质是采用多学科综合设计与建设项目集成化信息技术的各专业图纸、三维建筑模型、各种过程产品、工程施工流程、组织设计—施工—运营一体化来实现目标的过程。

VDC 的核心是建立以 BIM 为手段的三维模型，并以该模型为对象构建的平台分析。因此，基于 BIM 的虚拟设计与施工技术在建筑设计、建筑施工、建筑运维的全生命周期中可以利用不同使用方法（如 VR 等），体验未建成项目实际实施后的效果，让很多问题得以提前考虑，提前修改，有效地避免了资源浪费，保证了项目在各个阶段都可以高效、高质量地完成，进一步推动我国建筑行业的数字化建造技术。

（1）BIM 应用方式。

BIM 应用方式分为 BIM 反向设计和 BIM 正向设计。

BIM 反向设计相对于 BIM 正向设计而言，主要指在不改变现有设计流程与工作模式的情况下，首先由设计师进行传统的二维模型设计，其次由单独成立 BIM 团队或第三方 BIM 咨询顾问在二维图纸设计完成后，根据二维图纸翻建 BIM 模型，并进行专业碰撞检查与管线综合优化，最后设计师根据 BIM 审核意见调整设计图纸，重新出图或以设计变更形式提交。

正向设计是工程管理的进步、辅助设计的手段、数字化管理的基础、建筑产业的改革。目前正向设计是从规划阶段开始介入，而 BIM 正向设计是以三维 BIM 模型为出发点，以模型信息为数据源，完成从方案设计到施工图设计甚至后期交付的全部任务。

考虑现阶段的建筑行业发展情况，传统设计行业人员与企业管理者的设计思维应向"3D—2D"阶段转型，即从 BIM 正向设计应用开始，设计师将自己的设计思想优先呈现在三维模型之中，并赋予其相关的信息，在设计的收尾阶段，再由 3D 模型输出 2D 图纸，应用于施工阶段等后续相关操作。只有完成"3D—2D"的思维转型，BIM 才能真正进入 3D 模式的全方位发展阶段。

（2）BIM 软件选择。

BIM 技术贯穿整个建筑的全生命周期，因此，没有任何软件可以独自解决建筑建造过程中出现的全部问题。目前设计行业内常用的 BIM 软件解决方案如下。

① 基于 Revit 的 BIM 解决方案。

核心建模软件是 BIM 应用的基础，核心建模阶段主要偏重于三维实体模型的建立，是整个建筑信息模型建立的初始阶段。在建筑核心建模阶段，应使用更加核心的、以建筑构件为基本对象的建模软件进行更加精细的模型创建工作。该阶段是整个 BIM 工作流程中创建模型最复杂、信息含量最多的部分。

Revit 系列软件是专为建筑信息模型构建的，可帮助建筑设计师设计、建造和维护质量更好、能效更高的建筑；同时，Revit 系列软件在 BIM 实施过程中绝不仅仅停留在三维可视化软件当中，在 BIM 自身定义的背景下，Revit 系列软件所创造出的 BIM 模型具有更多的信息与更高的价值。

② 基于 ArchiCAD 的 BIM 解决方案。

ArchiCAD 是一款从三维入手、采用参数化构件的建筑设计软件，也是应用范围最广的 BIM 软件之一。ArchiCAD 具有轻量化，操作简单，界面美观，工具灵活，模块精细度高，图纸管理逻辑清晰，布局出图简单、高效的优势。

ArchiCAD 相较于 Revit 更适合独立的、复杂精细的装饰工程项目，如旧房改造、精品家装等。这种项目与原有建筑造型关系不大，避免了与建筑工程的对接问题。此外，ArchiCAD 对于使用者和电脑配置的要求低，更适用于入行门槛低的建筑装饰行业。同时，ArchiCAD 作为 Open BIM 的成员，比其他 BIM 软件的专业支持度更高，可以通过 IFC 的汇出与汇入实现协同作业。

③ 基于 3D 的 BIM 解决方案。

近年来，在国家大力推动和扶持本土化 BIM 软件发展的政策下，我国一些研究团队致力于研究具有自主知识产权的智能设计平台。天宫 DFC-BIM 涵盖了建筑、机电安装、装饰装修、园林景观、幕墙、成本预算等专业，为全专业、全流程正向设计。天宫 DFC-BIM 可以实现一模多用，解决了传统 BIM 软件多、跨平台、模型复用率低，流程复杂、落地难的痛点，是建筑数字化建设和运维的基础性技术工具。

天宫 DFC-BIM 是一款为设计师量身定制的建筑装饰设计软件，是基于 SketchUp（草图大师）开发而成的全套设计工具。设计师可以简洁、灵活地为模型场景添加基础属性，赋予唯一身份信息。该软件不需要 CAD 施工图即可高效生成招标清单，材料清单，五金、洁具、灯具、面板等白皮书；完工时即生成竣工结算书，在帮助企业预控风险与分析成本的同时，节约时间，加快进度；极大优化了建模、工艺、选材、报表、工程量审核等流程，大幅度提高了工作效率和设计质量。

④ 基于 CATIA 的 BIM 解决方案。

CATIA 具有强大的曲面与曲线造型能力，可较好解决大型复杂异形结构划分、构件参数化建模、模型组装等问题，让建筑师在设计过程中自由充分地发挥创造性。同时，CATIA 可以在建筑施工过程中实现三维模型可视化，被广泛地应用于三维可视化场景的建立，可以直接为设计与施工人员提供直观、实时与便于观察的模型；也可以自动生成施工详图，极大地提高了设计及施工人员的工作效率，确保了项目设计及施工的质量。

2.3.4 基于 BIM 的智能设计

现阶段，随着以 5G、物联网、AI 技术为代表的最新互联网技术与以机器人技术为代表的高端制造技术在建筑行业的逐步应用，建筑业加快了基于 BIM 技术的数字化转型步伐。AI 技术与 BIM 技术结合，可提高数据分析的效率和准确性，甚至可以在纷繁、复杂、无序的数据中找出共性的、潜在的规律，使设计、施工、运维过程更为智能，提高决策与管理水平，进而解决 BIM 中数据深度应用困难的问题。同时，BIM 作为数据集成与共享的平台，可为 AI 提供可靠的数据支持与结果可视化手段。

1. 数字建造、智能建造的发展

（1）数字建造。

数字建造指利用 BIM 和云计算、大数据、物联网、移动互联网、AI 等信息技术引领产业转型升级的业务战略，它结合先进的精益建造理论方法，集成人员、流程、数据、技术和业务系统，实现建筑的全过程、全要素、全参与方的数字化、在线化、智能化，从而构建项目、企业和产业的平台生态新体系。

（2）智能建造。

智能建造是面向工程产品全生命周期，实现泛在感知条件下的信息化建造高级阶段。其根据工程建造要求，通过智能化感知、人机交互、决策实施，实现工程立项过程、设计过程和施工过程的信息、传感、机器人和建造技术的深度融合；并在基于互联网的信息化工作平台的管控下，按照数字化设计的要求，在既定的时空范围内，通过功能互补的机器人完成各种工艺操作。

智能建造以 BIM 技术为核心，满足对信息创建、使用和共享的要求，这也要求工程信息在创建、使用、传递和共享过程中具备准确性、动态性和可计算性；同时基于 BIM 技术实现精细化管理，改变工程项目管理模式和组织结构，简化工作流程，提高资源利用率，实现低碳节能要求。

智能建造系统主要由智能设计、智能生产与智能施工、智能物流三方面构成。

2. 新理念：面向制造与装配的数字化设计

面向制造与装配的设计（design for manufacturing and assembly, DFMA）概念的提出是为了解决设计与制造、装配各自独立而造成的产品成本增加和产品开发周期长等现实问题。它的核心是通过各种管理手段和计算机辅助工具帮助设计者优化设计，提高设计工作的一次性成功率。面向制造与装配的设计具有设计简单化、标准化，能够向设计师提供符合企业现有情况的产品设计，多方案分析等方面的优势。

DFMA 软件将设计、装配、材料和加工工艺的知识集成在一起，从装配、制造和维护等方面出发创建一个系统的程序来分析已提出的设计方案，使独立的设计者就能够利用这些信息做出合理的选择。它为设计、制造和工艺等相关人员提供了一个共同工作的平台，让大家在同一时间考虑同一问题，方便彼此之间的交流。

3. 新技术：大数据、生成设计、数字孪生、 AI

有关智能设计的新技术有大数据、生成设计、数字孪生、AI，其特征见表 2-4。其中，AI 技术与数字化设计工作方法密切相关，基于 AI 的建筑设计不再是单纯的经验和感性的表达，或者简单的套用，而是基于评估复杂动态的数据。AI 可以对项目基地进行勘察和分析，得出有用的设计参数，通过设计参数与建筑师进行共同设计。AI 还可以帮助建筑师进行项目管理，从设计图纸，到人员管理、施工管理。AI 设计引擎可以嵌入建筑设计的很多工作场景，以"人＋工具"的形式，提高人们的工作效率。AI 与BIM 正向设计模块化的设计方法对接，让 BIM 正向设计的工作流延展到强化阶段，直至 BIM 方案设计、BIM 施工图设计的整个工作流，打通 BIM正向设计技术的前端环节，提高生产效率及设计质量，为后端的数字建筑提供数据基础，实现真正意义上的"AI＋BIM"的设计模式。

表 2-4 有关智能设计的新技术类型与相应特征

新技术类型	特征
大数据	实现数据的全时段收集和海量储存，并通过计算机手段进行处理和应用；进一步实现价值信息的挖掘和有效集成

新技术类型	特征
生成设计	运用计算机进行最优化自动生成设计，比如在城市/社区规划上可以先由规划师给出一个大致的规划框架（密度、类型、形态），再通过计算机大量计算给出最佳的规划方案
数字孪生	数字孪生技术通过综合应用智能控制、人工智能、BIM、GIS、大数据、区块链、系统仿真、AR/VR等新一代信息技术，建立符合未来建筑系统集成需求的功能全面、集成度高、技术先进的数字孪生建筑系统，赋能传统建筑改造及传统建筑产业转型升级，全面提升建筑产业的智能化水平
AI	AI在建筑设计领域的应用主要是借助人工智能和机器学习的力量，通过自动执行重复性任务来消除设计过程中的瓶颈，节省了大量的人力工作，降本增效，释放更多生产力，并一定程度地降低了遗漏重要细节的风险

2.4 装饰工程数字化设计现存的问题

2.4.1 BIM技术应用难点

BIM技术作为装饰工程数字化的重要技术路线仍然存在以下应用缺陷。

（1）BIM技术相关标准及数据接口建立不全。

建筑装饰工程项目对BIM技术的执行深度和标准还有待提升，各项工作要求依照甲方BIM管理和相关的技术规范，在施工范围内形成的工程施工规范文件有所差异。

装修行业数字化程度低、链条多、环节复杂，普遍采用零散表格管理相关数据，不少环节都需要人工操作，常常会出现预算报价混乱、施工工期延迟等问题。

（2）软件功能及使用便捷性影响工作效率与成果。

主流的 BIM 软件学习成本高、硬件要求高、工作环境较为封闭，在统一集成工作过程中很容易产生各种不良问题，因此，BIM 技术在使用过程中的及时性和便捷性上仍然存在明显的问题。

2.4.2　实施交付难点

装饰工程数字化工作方法的一个重要目标就是解决项目的实施交付。同时，装饰工程因其专业特性而对交付品质要求比较高，需要从设计端到施工端、制造端、管理端、运维端的各个要素的高效协同，单纯的设计软件稍微有些局限，也无法满足项目的需求；大多数软件在前端及终端的设计、渲染、算量上做得非常优秀，但到工程技术研发及实施阶段，缺少真正可以满足具体实施操作层面数字化的需求。

综上所述，现有装饰工程数字化设计在各个设计阶段的各个工作环节的点状应用已经较为成熟，并且能够生成高效、高质的阶段成果，但在多个环节的线型或全流程的面状的综合应用及成果交付时往往会出现较大问题。对此，我们需要聚焦装饰工程数字化设计与应用整个过程的痛点与难点，放大现有数字化应用环节优势，以长远、全局的目光，寻求更优的解决方案。

2.5　演进式 BIM 解决方案

目前行业需要探索一套群众基础好、上手快、效率高、投入小的解决方案，来进一步推动装饰工程设计的数字化转型。因此，本节提出一种演进式 BIM 解决方案，并简要介绍该方案的策略、工作流和工具流，期望读者能够迅速了解该解决方案。

2.5.1　演进式 BIM 解决方案的策略

演进式 BIM 解决方案基于现有装饰工程设计流程——方案设计阶段、

施工图设计阶段、深化设计阶段、竣工阶段，将信息模型作为各阶段的一级成果，将信息模型的应用作为二级或三级成果，并基于模型建构与模型应用提出动态演进和 2D、3D、BIM 混合演进两大策略。演进式 BIM 解决方案策略示意图见图 2-4。

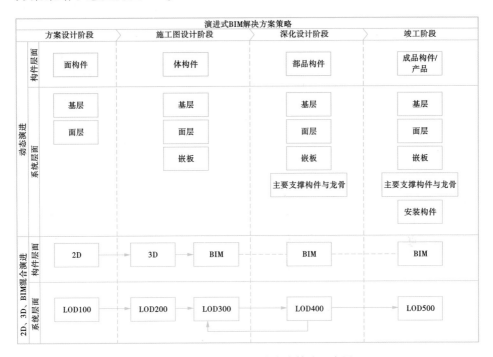

图 2-4　演进式 BIM 解决方案策略示意图

1. 动态演进

动态演进主要指基于设计流程的模型单元演进，包括构件层面演进和系统层面演进。

（1）构件层面演进。

随着设计阶段的推动，模型单元的构件类型会从一开始的基础几何构件逐渐变成实体构件、部品构件，直到形成产品，同时，构件的几何信息与属性信息会满足各阶段模型细度的要求。以某墙面板构件为例，构件类型随设计阶段演进示意如表 2-5 所示。

表 2-5　构件类型随设计阶段演进示意

阶段	方案设计阶段	施工图设计阶段	深化设计阶段	竣工阶段
构件类型	基础几何构件	实体构件	部品构件	产品
示意图				

（2）系统层面演进。

随着设计阶段的推动，模型单元的系统构造深度会从一开始的"基层＋面层"到"基层＋面层＋构件"，随后会增加主要支撑构件与龙骨，最后增加安装构件。以某一区域墙面装饰系统为例，系统构造深度随设计阶段演进示意如表 2-6 所示。

表 2-6　系统构造深度随设计阶段演进示意

阶段	方案设计阶段	施工图设计阶段	深化设计阶段	竣工阶段
系统构造深度	基层＋面层	基层＋面层＋构件	基层＋面层＋构件＋主要支撑构件与龙骨	基层＋面层＋构件＋主要支撑构件与龙骨＋安装构件
示意图				

2. 2D、3D、BIM 混合演进

利用 2D、3D、BIM 混合演进的方式，实现精度与维度的可逆性演进。

（1）维度的可逆性演进。

从低维度到高维度：随着设计流程的推进，从草图到实体模型，再从实体模型到信息模型，实现从二维到三维，再从三维到 BIM 的递进式演变。

从高维度到低维度：主要指在模型的应用场景中，利用信息模型出图，利用 Web 进行模型的可视化展示，以及利用数字孪生技术进行运营管理等。

（2）精度的可逆性演进。

从低精度到高精度：随着设计流程的推进，模型的精细程度达到不同设计阶段的具体要求，如从 LOD100 逐步到 LOD500。

从高精度到低精度：主要指在模型的应用场景中，利用施工图设计阶段模型进行有限元分析和施工方案模拟时，因模型的信息过多导致运算难度过大，从而需要对模型进行轻量化处理；或者利用建筑信息模型搭建数字城市运维平台时，建筑模型颗粒度过高，为降低运算成本需要降低 BIM 模型细度。在具体操作上，可以通过提取阶段信息、替换构件等方式降低模型细度，实现 BIM 的轻量化应用。

2.5.2 演进式 BIM 解决方案的工作流

基于装饰工程数字化设计工作方法，装饰工程数字化设计可划分为方案设计阶段、初步设计阶段、施工图设计阶段、深化设计阶段。特殊情况下，可依据项目合同的约定进行某一阶段或单一任务的数字化设计工作。

1. 方案设计阶段

方案设计阶段主要是从项目需求出发，依据各专业设计条件与要求，研究分析满足功能与美观的设计方案。

本阶段可依据设计草图或直接基于建筑专业模型创建装饰专业模型，该阶段的模型细度达到能对可进行方案的可行性进行验证，以及能对下一步深化设计工作进行推导和方案细化即可。

该阶段成果除模型外，还可利用模型导出二维图纸、效果图等，也可利用模型的可视化特征进行设计方案展示或比选等。

2. 初步设计阶段

初步设计阶段介于方案设计阶段和施工图设计阶段之间，是对方案进行细化的阶段。在本阶段，应推敲、完善装饰专业模型，并配合其他专业进行核查设计；利用模型的剖切出图功能对平面、立面、剖面进行一致性检查，将修正或细化后的模型进行出图、出量等操作，得到该阶段的二级成果。

该阶段的沟通、讨论、决策、改进可以围绕可视化的建筑模型展开，也可将二维图纸的成果映射在模型中，只要满足设计师的工作习惯并能一定程度地提升工作效率即可。

该阶段成果除模型外，还可利用模型导出平面图、立面图、剖面图、明细表等，也可利用模型的可视化特征进行设计方案展示等。

3. 施工图设计阶段

施工图设计阶段是项目设计的重要阶段，是项目施工与设计的桥梁。本阶段主要通过施工图表达项目的设计意图和设计结果，并将施工图作为项目现场施工的依据。

本阶段须完成装饰专业模型构件并进行初步优化设计。在此基础上，配合建筑、结构等其他专业进行设计查错等，完成对施工图设计的多次优化。并进一步利用模型提取工程量、生成文件明细表等。

该阶段的一个重要成果就是利用模型生成满足施工图交付需求的二维图纸，并利用模型进行校审。为降低工作难度，设计师可在剖切模型后，在图纸空间中进行标注，以保证该阶段工作的高效、高质完成。

4. 深化设计阶段

深化设计阶段的主要目的是提升模型与构件的准确性、可校核性，并将施工操作规范与施工工艺融入施工方案设计模型，进行施工方案可视化模拟，验证施工方案的可行性；同时利用深化设计模型进行设计交底与设计变更工作。

本阶段不仅需要在深化设计模型的基础上进一步得到加工构件的模型或图纸，建立施工方案设计模型并进行模拟，同时也需要配合现场工作完成设计交底与设计变更所需的模型或图纸更改与深化设计。因此，整个工作流程需要配合项目各参与方，好的协同工作方式是该阶段的重要保障，企业可依据自身项目经验制定适合自己的工作平台和协同工作方式，高效、高质地完成工作任务。

2.5.3　演进式 BIM 解决方案的工具流

1. 选择工具的原则

基于第 2.5.2 节所述的工作流程，在选择工具时，应考虑以下原则。

（1）应选取群众基础好、上手快的工具软件，降低学习成本，提高产值。

目前设计行业群众基础最好的制图软件是 AutoCAD，三维设计软件是 SketchUp，可视化编程软件则是 Grasshopper，因此，好的解决方案要能与 AutoCAD、SketchUp、Grasshopper 无缝对接。前文提到的 BricsCAD 强大的集成和协作功能刚好满足此原则。

（2）应选择能将 3D 模型转换为 BIM 模型的软件。

在 3D 自由设计的基础上集成数据，得到包含几何信息和属性信息的 BIM 模型，满足正向设计工作流程。SketchUp 可以用内置的"classify（分类）"命令输出 IFC；Blender 也有 IFC 插件，同时 ArchiCAD 也可以导入 SketchUp，Revit 和 SketchUp、Rhino 连接也有许多方案。此外，Revit 可以与它自家产品 Format（类似 SketchUp）很好地衔接。但是，BricsCAD 软件可内部实现手动分类和自动 BIM 化，使用"BIMIFY"可检查模型中每个实体的几何形状，检测并自动分配 IFC 实体，节省创建 BIM 的工作时间，进一步使用自动匹配命令将自动完善多个实体之间的 BIM 信息，例如缺少的组合、属性等。将合成材料添加到墙体，自动匹配命令会建议将该合成添加到整个 BIM 中的每个类似的墙体，不仅可以在同一模型中使用自动匹配命令，还可以在不同模型文件之间使用自动匹配命令。

（3）应选择能快速出图、出量的软件。

单一信息模型交付还不能满足目前建筑行业项目成果交付需求，需要配合二维图纸和明细表等数据文档，因此能快速直接出图、出量的软件可以在很大程度上提升设计阶段的工作效率与工作质量。BricsCAD 软件可以直接提取、显示和导出详图与清单，自动生成施工图，还能为分包商提供定制设计。

2. 工具软件的组合

选择合适的工具软件是整个设计工作流程顺利进行的基础。但在具体工作时，无须拘泥于单一设计软件或特定形式，可采用多种工作方式和多种工具，快速、高效地完成各阶段的工作任务。

表 2-7 列出了一些装饰专业常用的工具。

表 2-7　装饰专业常用的工具

工具类别	建模工具	出图工具	出量工具	可视化工具	协同设计工具
工具名称	Revit、ArchiCAD、Blendy、3ds Max、Catia、Rhino、Vectorworks、Allplan、SketchUp、BricsCAD	AutoCAD、CAD 类软件、Revit、BricsCAD	Revit、BricsCAD、Excel、Soeasy	V-Ray、Lumion、Enscape、Twinmotion 等	基于 BIM 的协同平台、Bricsys 24/7 等

演进式 BIM 解决方案可选用的工具组合方式为 AutoCAD＋SketchUp/Rhino＋BricsCAD＋Enscape。

03

信息模型建构

3.1 模型创建标准

3.1.1 装饰工程信息模型一般性要求

(1)目标性。

装饰工程信息模型应针对工程项目实施数字化设计工作流的目标任务进行建立、共享和应用。

(2)相对准确性。

设计师应依据不同阶段对模型的深度要求和相应的信息，创建出满足现阶段使用的相对准确的模型。装饰工程信息模型及其相关数据信息，应尽量准确反映建筑实物的真实数据，并能够在竣工阶段确保数据的真实性。

(3)适度性。

在满足工程项目实际需求的前提下，装饰工程信息模型宜采用较低的模型细度，不宜过度建模。

(4)一致性。

不同途径获取的信息应具有唯一性，采用不同方式表达的信息应具有一致性，不宜包含冗余信息。

(5)扩展性。

装饰工程信息模型应具有可协调性、可优化性，新增和扩展的任务信息模型应与其他任务信息模型协调一致，在模型扩展中不应改变原有模型结构。

3.1.2 装饰工程信息模型的构件特殊性要求

(1)构件应符合分类要求并有一定的自由度。

构件级别模型单元的分类可参考信息模型分类规则，同时也可依据实际项目工程进行适当调整。

（2）构件深度与阶段关联。

构件级别模型单元的各阶段深度应展现各阶段信息模型的细度组成，并可高于该阶段的模型细度要求。

3.1.3 模型细度

1. 模型精细度划分

（1）设计阶段和竣工阶段交付的模型单元深度应参考《建筑信息模型设计交付标准》（GB/T 51301—2018）第6.2.5条。

（2）本书基于装饰专业深化设计数字化工作流，制定适用于案例文件的模型细度等级要求，详见表3-1。

表3-1　各阶段模型细度等级要求

阶段	模型细度等级最低要求
方案设计阶段	LOD200
施工图设计阶段	LOD300
深化设计阶段	LOD400
竣工交付阶段	LOD500

2. 模型细度组成

项目应对装饰工程信息模型细度要求做出明确规定，模型细度包含模型元素的几何信息精度和属性信息精度。

（1）几何信息精度。

① 几何信息一般包括物体的长度、宽度、高度、厚度、角度、坐标、面积、体积、容积等。

② 数字精度应保留至小数点后两位。

③ 模型单元的几何信息内容及精度应符合《建筑信息模型设计交付标准》（GB/T 51301—2018）第4.3.4条和第4.3.5条的规定。

④ 几何信息表达应符合《建筑工程设计信息模型制图标准》（JGJ/T 448—2018）第4.1条的规定，其中装配式建筑部品部件表达应符合《建筑工程设计信息模型制图标准》（JGJ/T 448—2018）第4.3条的规定。

（2）属性信息精度。

① 属性信息一般应包括物体特征、技术信息、产品信息、建造信息、维保信息、项目信息等。

② 模型单元属性信息内容及精度应符合《建筑信息模型设计交付标准》（GB/T 51301—2018）第 4.3.6 条和第 4.3.7 条的规定。

③ 属性信息表达应符合《建筑工程设计信息模型制图标准》（JGJ/T 448—2018）第 4.2 条的规定。

3.1.4　模型创建规则

创建信息模型是整个装饰专业深化设计数字化工作流的关键步骤，符合标准和规范要求的信息模型是后续模型应用的基础，因此，在设计工作开始前期，就应在工作计划中制定或遵循适合企业或项目的模型创建规则。

本书基于《建筑装饰装修工程 BIM 实施标准》（T/CBDA 3—2016），制定了一套适用于操作案例的模型创建规则。该规则划分为协同环境配置、模型分类、模型命名以及模型应用四个层面（图 3-1）。

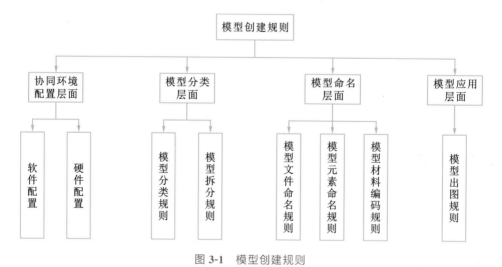

图 3-1　模型创建规则

1. 协同环境配置层面

信息模型创建之前应对 BIM 支撑软件进行筛选，宜优先选用市场上常见的兼容性好的软件，不宜局限于某一类型软件或单一程序。

BIM 技术应用依托于计算机运算性能的支持，属于个人使用的计算机的硬件配置，应以满足实际工作需要为标准，BIM 协同平台服务器的搭建应具有先进性和前瞻性。

（1）软件配置。模型建构与应用软件可参考表 3-2。

表 3-2　模型建构与应用软件参考示意

序号	名称	软件配置
1	计算机操作系统	Windows 10
2	三维建模软件	Autodesk Revit、ArchiCAD、Blendy、3ds Max、CATIA、Rhino、Vectorworks、Allplan、SketchUp、BricsCAD
3	模型整合软件	Navisworks、EBIM
4	虚拟模拟软件	Fuzor、Revizto、UE4、CE3
5	二维绘图软件	Autodesk CAD、Autodesk Revit、BricsCAD
6	协同管理平台	P-BIMS、EBIM 平台
7	放样系统软件	天宝 BIM-RTS773、天宝 TX5 三维激光扫描系统
8	放线机器人软件	Trimble RTS 系列

（2）硬件配置。BIM 协同平台服务器配置可参考表 3-3。

表 3-3　BIM 协同平台服务器配置

序号	名称	硬件配置
1	处理器	AMD Ryzen 7 5800H
2	内存	16G DDR4 3200（8G×2）
3	显卡	NVIDIA GeForce RTX 3060
4	硬盘	512GB
5	显示器	144Hz 刷新频率以上
6	UPS 电源	80Whr

2. 模型分类层面

（1）模型分类规则。

① 应根据工程项目实际需要创建任务信息模型，依据设计信息将模型单元进行系统分类，并在属性信息中标识。

② 模型分类必须符合信息分类的基本原则。若依据专业系统分级，则

装饰工程信息模型属于装饰专业，其与幕墙工程、机电工程等其他专业系统模型共同组成综合、完整的建筑信息模型体系。

③ 参考规范：模型单元系统分类应符合《建筑装饰装修工程 BIM 实施标准》（T/CBDA 3—2016）附录 A 规定；模型信息分类应符合《信息分类和编码的基本原则与方法》（GB/T 7027—2002）的要求。

④ 具有关联的模型单元应表明直接的关联关系：构件级模型单元宜表明直接的连接关系；零件级模型单元宜表明直接的从属关系。

⑤ 建筑信息模型应能够通过命名和颜色快速识别模型单元所表达的工程对象。

（2）模型拆分规则。

项目应对模型拆分规则进行统一规定和要求，可按照分布式模型管理原则进行自上而下的拆分，并应保证模型结构装配关系明确，必须有利于数据信息检索。模型拆分规则见表 3-4。

表 3-4　模型拆分规则

类别	拆分规则
按照空间区域进行模型拆分	按楼层拆分
	按分包区域拆分
	按空间、房间拆分
按照系统层级、阶段、等级进行模型拆分	按专业拆分
	按阶段拆分
	按出图要求拆分
	按模型细度层级、LOD 等级拆分

3. 模型命名层面

（1）模型文件命名规则。

① 项目应对模型文件命名规则进行统一规定和要求，一般可依据工程项目名称和实施阶段进行模型文件命名。

② 模型文件名称由"项目名称＋空间部位＋模型阶段"组成，便于模型文件的识别和协同管理，例如，某医院项目一层电梯厅方案设计模型。需要说明的是，本书将装饰工程数字化设计阶段分为方案设计阶段、施工

图设计阶段、深化设计阶段、竣工交付阶段。

（2）模型元素命名规则。

① 项目应对模型元素命名规则进行统一规定和要求，宜按照建筑工程分部分项工程划分的原则进行模型元素命名。模型元素名称由"模型类别 _ 类别名称"组成。

② 模型元素命名参考规范如下。

a. 模型单元命名规则及模型电子文件夹名称参考《建筑信息模型设计交付标准》（GB/T 51301—2018）第 3.2 条。

b. 模型元素可依据《建筑工程施工质量验收统一标准》（GB 50300—2013）中的分部工程、子分部工程和分项工程划分的原则进行分类。

c. 模型元素类别与命名详见《建筑装饰装修工程 BIM 实施标准》（T/CBDA 3—2016）附录 A。

（3）模型材料编码规则。

① 项目应对模型材料编码规则进行统一规定和要求，宜按照材料类别进行模型材料编码，并按照英语单词或词组进行字母组合缩写，便于材料编码标注和检索。模型材料编码由"材料编码 _ 型号规格 _ 编号"组成。

② 模型材料编码参考规范及规则如下。

a. 详见《建筑装饰装修工程 BIM 实施标准》（T/CBDA 3—2016）附录 B。

b. 模型材料编码表应在工程项目设计总说明中进行定义和明确，并具有唯一性，不应发生重叠或错漏。

c. 当某类材料在同一项目有不同的品种、规格、型号、花色或做法时，应采用 2 位数字编号进行区分，如 LK _ C75 _ 02 可表示为 C75 系列轻钢龙骨隔墙的第二种做法。

4. 模型应用层面

在模型应用层面，主要应了解模型出图规则。

① 项目应对模型出图进行统一规定和要求，必须按照国家有关制图标准及设计管理规则设置模型颜色、线型和注释。

② 模型出图参考规范如下。

a.《建筑装饰装修工程 BIM 实施标准》（T/CBDA 3—2016）附录 C。

b.《建筑制图标准》（GB/T 50104—2010）。

c.《房屋建筑制图统一标准》（GB/T 50001—2017）。

d.《BIM 出图标准》。

e.《建筑装饰装修工程设计文件编制深度的规定》。

③ 模型出图还应注意以下几点。

a. 模型配色应与设计图纸保持一致。

b. 2D 模型出图线型及配色应清晰鲜明，符合出图标准要求。

c. 各专业模型可根据项目模型体系统一划分 3D 模型配色方案。3D 模型配色应采用不同色系以便区分不同系统分类。

d. 为响应国家和地方政府全面推动建筑信息模型应用的政策，本书采用全过程正向设计流程，具体流程详见本书第 4 章第 4.1 节。

3.2 模型创建流程

装饰工程信息模型创建总体流程如图 3-2 所示。

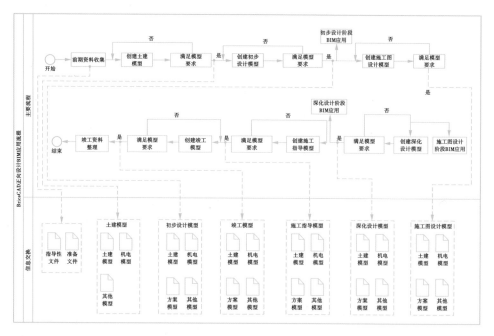

图 3-2　装饰工程信息模型创建总体流程图

装饰工程信息模型建构阶段划分及各阶段要求见表 3-5。

表 3-5　装饰工程信息模型建构阶段划分及各阶段要求

阶段	目的与意义	工作内容与成果要求	数据准备	模型建构流程
方案设计阶段	方案设计主要是从项目的需求出发，根据项目的设计条件得出最优设计方案，为装饰专业后续若干阶段的工作提供依据和指导	装饰专业方案设计模型、方案设计图纸、建筑装饰表，进行设计效果表现，进行可视化沟通和建筑性能模拟	① 前期制定的工作标准和样板文件； ② 项目前期资料，包括其他专业的图纸或模型	创建前期分析阶段模型→创建设计方案比选阶段模型→创建初步设计阶段模型→创建装饰专业方案设计模型
施工图设计阶段	施工图设计是整个项目设计的重要阶段。利用施工图设计模型能够进行设计查错、提取工程量清单和生成施工图设计图纸，为后续深化设计等提供基础模型，经审核确认后便可直接用于施工	装饰专业施工图设计阶段模型、文件明细表、工程量清单、施工图设计图纸，进行设计查错	① 方案设计阶段各专业模型； ② 各专业方案设计阶段其他相关资料	构件建模→创建装饰专业施工图设计阶段模型→碰撞检测与三维管线综合优化→竖向净空优化
深化设计阶段	施工深化设计的主要目的是提升建筑信息模型的准确性、可校核性，使得施工图深化设计模型满足施工作业指导的需求；利用深化设计模型进行设计协同工作，实现设计方案、施工方案、技术方案的可视化交底	装饰工程深化设计模型、加工构件模型、深化设计图纸、施工方案模型，设计交底与设计变更	① 施工图设计模型； ② 设计单位施工图； ③ 现场条件与设备型号资料； ④ 面层、基层、龙骨等材料的规格与做法资料等	创建装饰专业深化设计模型→施工方案模型→拟创建加工构件模型

阶段	目的与意义	工作内容与成果要求	数据准备	模型建构流程
施工及竣工阶段	该阶段的 BIM 应用对施工深化设计的准确性、施工方案的展示以及预制构件的加工能力等起到了关键作用。利用深化设计模型不仅有利于提前发现并解决工程项目中的潜在问题,减少施工过程中的不确定性和风险,还能实现对工程施工过程可视化和信息化管理	施工过程模型、施工进度计划的资料及依据、竣工模型、验收合格资料	① 施工方案模型与深化设计模型;② 现场施工相关的文件与资料;③ 施工过程中产生的变更资料	创建施工过程模型→创建竣工模型

具体模型创建流程分别如图 3-3～图 3-13 所示。

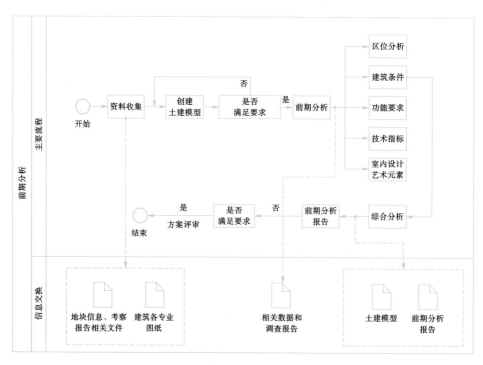

图 3-3　前期分析阶段模型创建流程

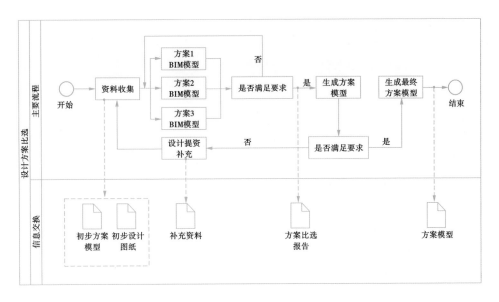

图 3-4　设计方案比选阶段模型创建流程

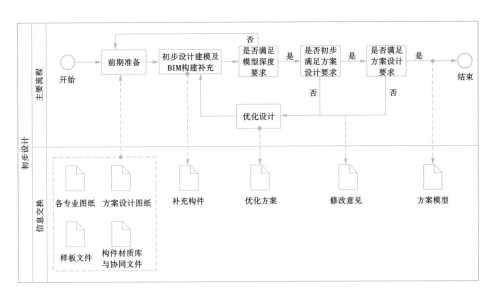

图 3-5　初步设计阶段模型创建流程

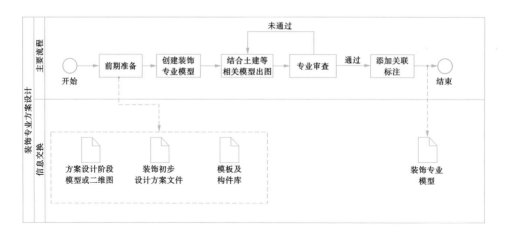

图 3-6　装饰专业方案设计模型创建流程

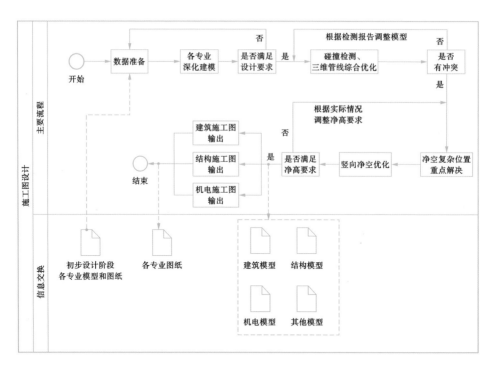

图 3-7　施工图设计阶段模型创建流程

装饰工程数字化设计与应用

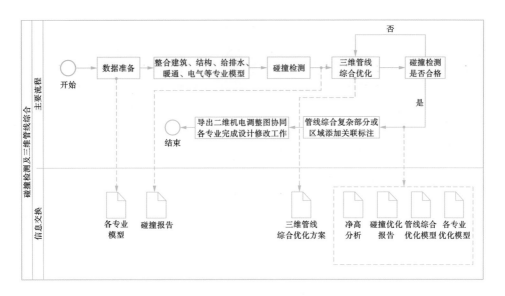

图 3-8 碰撞检测及三维管线综合流程

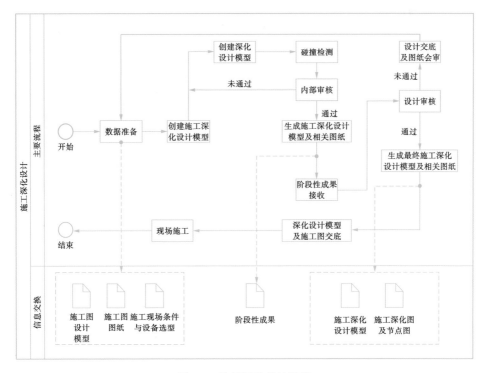

图 3-9 施工深化设计流程

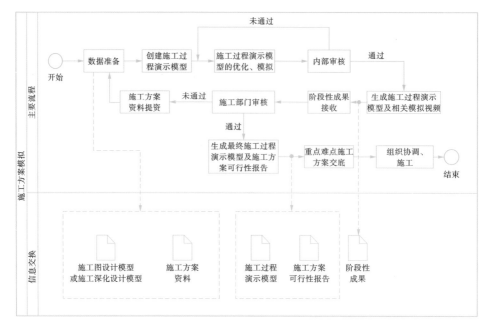

图 3-10　施工方案模拟流程

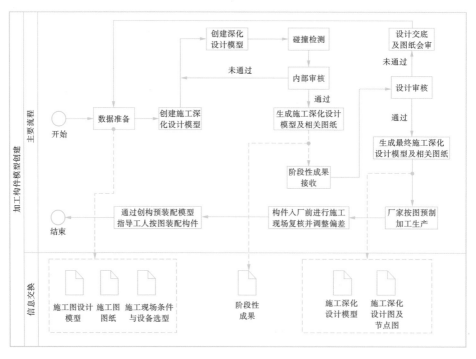

图 3-11　加工构件模型创建流程

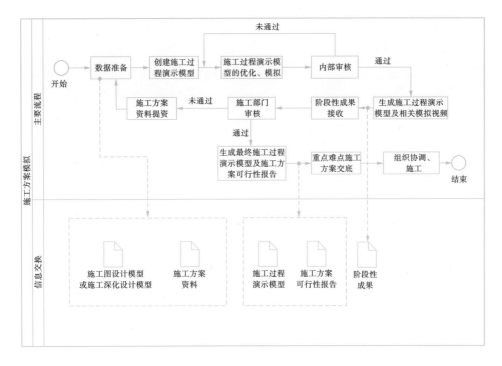

图 3-12　施工方案模拟流程

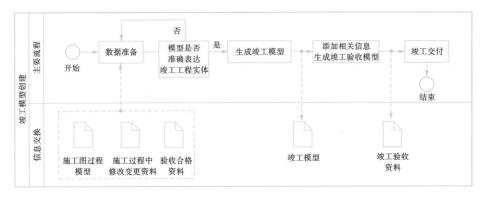

图 3-13　竣工模型创建流程

04

信息模型应用

4. 1. 1 信息模型出图的目的与意义

信息模型出图的目的与意义如下。

① 因为所有的工程图纸都出自同一个 BIM 模型文件，所以不论是在初步设计阶段、施工图阶段还是深化设计阶段，信息模型出图完全可以保证各专业设计图纸的一致性，消除 2D 时代图纸中的"错、漏、碰、缺"问题，大幅提升设计质量。

② 三维模型和二维图纸紧密相关，可做到同步修改，信息模型出图可为后期可能进行的设计修改、更新等带来更多便利，质量也有保证。

③ 由 BIM 模型生成的图纸具有多元化的特点。这些图一般是通过程序投影和剖切获得的，它比传统的方法获得的图纸具有更高的可信度，并且花费的时间更少，相关工作人员对其复核时的操作也非常简单。这不但有效提升了出图效能，也让设计师将更多的精力投入设计工作。

④ 对于施工图设计而言，BIM 模型能够与全部的图纸进行关联，可以防止常规设计中因人为因素而出现的纰漏，如此可以显著提升出图质量。

4. 1. 2 信息模型出图的三个阶段

1. 扩初图

(1) 扩初图的概念。

扩初图就是在方案的基础上，扩大初步设计的图纸，这个阶段的内容、体系不要求 100％完整。整体流程：方案手绘稿 → 手稿转化成 CAD 图纸/模型/效果图。

当信息模型出图到达扩初图阶段后，设计师需要提供以下资料。

① 方案部分：平面布置图、天花布置图、地坪布置图。

② 辅助表现部分：方案设计模型（通常以 SketchUp 模型、3D 模型为主）、效果图。

③ 资料部分：材料表、建筑资料。

（2）扩初图的用途。

① 对方案的可实施性与设计要点进行补充论证。如空间标高、过道距离、人体工程学等。

② 对方案的落地做更细致的准备。

（3）扩初图的深度标准。

① 确认图纸体系：检查图纸内容是否全面，是否满足扩初表达的要求。

② 基本满足法律、规范：在满足法律、规范和安全的前提下进行设计。

③ 初步复核标高：复核标高等数值是否正确，以便之后进行深入设计。

当完成以上 3 个方面后，如果对方仍要求增加深度，那就需要调整出图时间和对应报价。

2. 施工图

（1）施工图的概念。

施工图是在方案设计和扩初图的基础上绘制的一套图纸。其内容和体系相对完整，符合相关法律、规范。建筑施工图是用来表示房屋的规划位置、外部造型、内部布置、内外装修、细部构造、固定设施及施工要求等的图纸。它包括施工图首页、总平面图、平面图、立面图、剖面图和详图。

（2）施工图的用途。

① 施工图是建设单位招标施工单位的重要依据。

② 施工图用来指导工程施工。

（3）施工图的深度标准。

① 确定标准工艺做法：如天、地、墙的做法。

② 准确定位墙体、完成面：如墙体采用什么类型？面层使用什么材料？

3. 深化设计图

（1）深化设计图的概念。

深化设计图是结合了建筑、结构、机电等专业设计资料，通过更深层次的施工图设计工作而得到的图纸。

（2）深化设计图的用途。

在施工图阶段，有些内容还不完善，为了项目落地，还需要更深层次的设计工作，因此，深化设计图是对所有层面的合理性和落地性进行更深层次的论证。

（3）深化设计需要做的工作。

① 资料整合。

② 设计协调：与各专业的顾问进行设计协调，根据专业建议进行调整，整合出一套深化设计图纸。

③ 图纸制作：在施工图的基础上，针对没有表达到位的地方，对图纸进行完善、深入的表达。

（4）做深化设计的前提。

① 具备一定的规模和复杂程度：项目体量大、工艺施工复杂，才需要进一步开展深化设计，若在施工图阶段就能解决所有问题，就不需要引出深化设计。

② 多个单位、顾问团队协同工作：若项目规模足够大，则会细分出很多专业，会有各个专业的顾问来协同工作。

③ 相关设计资料的完成度和精准度应达到一定程度。

4.1.3 信息模型出图与传统出图方式对比

信息模型出图与传统出图方式对比见表 4-1。

表 4-1 信息模型出图与传统出图方式对比

类目	传统出图	信息模型出图
图纸注释	实体的抽象代号或孤立的注释文本	包括进一步深化设计实体所需的数值化信息，这些信息可以提取、交换和分析

类目	传统出图	信息模型出图
图纸模型逻辑	模型更新后须重新手动标注图纸信息内容	所生产的图纸始终与模型逻辑相关，当模型发生变化时，与之关联的图形和标注将自动更新。从初步设计到施工图设计应使用同一个数据文件，这样可避免多个文件的重复修改，从而避免人为设计错误
出图深度	可出常见的二维平面图、立面图、剖面图	除常见的平面图、立面图、剖面图之外，还可出三维轴测图、透视图、爆炸视图、零件视图，基本可以实现设计完成即可得到工程量清单，并且准确度更高

4.1.4 信息模型出图的工作标准

1. 图纸信息标准化管理

图纸信息标准化管理工作是工程标准化管理的重要环节之一。计算机网络系统被广泛应用于图纸信息标准化管理工作，不仅可以满足工作过程中的文档记录、保密要求，而且可以大大提高信息沟通和数据采集的效率。在工程中，我们为通过 BIM 模型生成的图纸定制模板文件，使每一张图纸都有其独一无二的条形码，把大量纷杂的信息进行有序的组织，并进行精细化管理。

通过软件自带的图纸资源管理库，图纸的名称、尺寸、类型、创建时间、修改时间等都会详细标示。如果图纸有变动或修改，再次打开图纸信息库时，也会有图纸变动的相关提醒。但是在实践过程中，我们发现通过 BIM 软件生成的图纸数量很多，默认出图的视图表示方法中剖面符号、尺寸标注习惯等与规范要求有很多差异，逐张调整图纸，不仅工作量大，而且效率较低。如果 BIM 软件按照国内的规范要求编制一些模板和参数，直接调用就可以完成图面调整，这样不仅可以使图面符合制图规范要求，也可以大大提高出图效率。

信息模型出图的工作标准如下。(企业可自行制定自己的工作标准,但不应低于下述要求。)

(1) 原则。

信息模型以剖切模型为主,以二维绘图标识为辅,局部借助三维透视图和轴测图的方式表达专业设计内容,使其满足各阶段图纸深度要求。

(2) 图纸深度内容。

施工图设计文件应根据已获批准的设计方案进行编制,内容以施工图设计图纸为主,文件编制顺序依次应为:封面、扉页、图纸目录、设计及施工说明书、建筑装饰(材料)做法表、图纸等。

(3) 施工图设计文件的总体要求。

① 应能根据其编制工程预、决算,且其可作为施工招标的依据。

② 应能根据其购买设备、材料和制作非标准构件。

③ 应能根据其进行施工和安装工作。

④ 应能根据其进行施工验收。

(4) 参考资料。

① 方案设计阶段与施工图设计阶段的图纸深度应符合《建筑工程设计文件编制深度规定》(2016 年版) 要求,内容具体要求可参考《室内设计深度规定》第 2.8 条与第 3.6 条。

② 深化设计阶段图纸深度与内容要求可依据工程项目实际需求及企业内部工作标准自行指定。

③ 竣工阶段图纸属于竣工交付资料,图纸深度与内容要求可参考《建筑装饰装修工程 BIM 实施标准》(T/CBDA 3—2016) 第 5.6.2 条。

④ 图纸化表达包括图纸生成方式、图纸命名、其他表格与文档及其他辅助表达方式,内容要求应符合《建筑工程设计信息模型制图标准》(JGJ/T 448—2018) 第 5.4 条。

⑤ 图纸标识标注应符合《建筑制图标准》(GB/T 50104—2010)、《房屋建筑制图统一标准》(GB/T 50001—2017) 的要求。

2. 各阶段图纸深度

(1) 方案设计阶段图纸深度 (表 4-2)。

表 4-2　方案设计阶段图纸深度

图纸名称	图纸深度
区域位置图	建筑物、大型设备的定位； 工程场地范围的测量坐标或尺寸； 场地附近原有建筑物的名称、坐标位置以及绝对标高； 区域位置图可视工程规模等情况与总平面图合并
总平面图	建筑物、设备的名称或编号； 场地施工坐标网、坐标值或标注尺； 主要建筑物、设备的定位，各轴线的相关尺寸； 原有建筑物、设备的定位； 设备栏中应有各设备的型号以及规格参数； 标题栏中应有尺寸单位、比例等
各层平面布置图	当设备在建筑中分多层放置时，应绘制出各层平面的设备布置图
立面布置图	场地施工坐标网、坐标值或尺寸； 建筑物、构筑物的名称或编号； 当工程简单时，立面布置图可与总平面图合并
工艺流程图	各单独工序内部流程走向； 各工序之间流程走向； 与原有流程结合方式以及流程走向

（2）施工图设计阶段图纸深度（表 4-3）。

表 4-3　施工图设计阶段图纸深度

图纸名称	图纸深度
图纸目录	先列新绘制图纸，后列选用的标准图或重要图纸
设计说明	工程设计的规模和设计范围； 设计采用的指标和标准； 施工验收所需满足的各项规章制度； 使用方对设备、管道、槽体等的颜色要求

图纸名称	图纸深度
区域布置图	种分槽以及建筑物的坐标位置、绝对标高等； 建筑物、设备的名称和编号； 场地施工坐标网、标注尺寸； 种分槽体、设备的相关尺寸； 围堰、地沟、平台等设施相关尺寸； 零平面、地面以及地沟的坡度和方向； 各层开洞的相关尺寸以及洞口尺寸； 如果设备分置于不同平面，须绘制各平面的配置图； 设备栏需标明种分槽以及各设备的详细规格、参数和型号
立面布置图	种分槽、建筑物、设备的名称和编号； 场地施工坐标网、标注尺寸； 设备基础标高，地沟的起点、转折点以及终点的标高； 槽体、建筑物、平台等各层标高； 墙壁上开洞的相关尺寸以及洞口尺寸； 当工程简单时，立面布置图可与总平面图合并
设备安装图	各泵安装详图，包括进出口、基础以及泵中心线标高，地角螺栓尺寸以及定位； 各非标准设备基础安装图
工艺流程图	物料在本工序各设备之间流动方向； 设备之间连接管道尺寸； 阀门数量和样式； 本图中需有阀门、自控仪表、不同物料所流经管道的示意图； 设备栏中须标明各管道起始点、管径、压力、连接方式、管内物料成分等
保温材料表	根据物料温度以及现场实际情况确定需要保温的设备和管路，并根据公式计算所需的保温材料用量； 确定保温材料的类型及安装方式

（3）深化设计阶段图纸深度。

深化设计阶段对图纸深度要求如下。

① 能够根据其进行材料安排、设计订货和非标准设备的制作。

② 能够指导工程施工和安装。

③ 能够作为工程验收的依据。

深化设计主要涉及以下专业和部位。

① 机电安装工程预留预埋深化设计。

② 给排水专业深化设计。

③ 暖通专业深化设计。

④ 强电专业深化设计。

⑤ 公共管廊管线综合排布深化设计。

⑥ 机房内管线综合排布深化设计。

（4）竣工阶段图纸深度。

竣工阶段主要涉及的图纸有综合竣工图，建筑竣工图，结构竣工图，装饰装修工程竣工图，建筑给水、排水与采暖竣工图，燃气竣工图，建筑电气竣工图，智能建筑工程竣工图，通风空调竣工图，地上部分的道路、绿化、庭院照明、喷泉等竣工图，地下部分的各种市政、电力、电信管线等竣工图。

竣工图中若有增加内容，应符合以下要求。

① 在建筑物某一部位增加隔墙、门窗、灯具、设备、钢筋等，均应在图上的实际位置用规范制图方法绘出，并注明修改依据。

② 如增加的内容在原位置无法表示清楚时，应在本图适当位置（空白处）按需要补绘大样图（详图）；如本图中无可绘位置时，应另用硫酸纸补绘大样图，并晒成蓝图，或用绘图仪绘制白图后附在本专业图纸之后。

竣工图中的内容变更说明应遵循以下规定。

① 数字、符号、文字的变更，可在图上用杠改法将取消的内容杠去，在其附近空白处增加更正后的内容，并注明修改依据。

② 设备配置位置和灯具、开关型号等变更引起的改变，以及墙、板、内外装修等变化均应在原图上改绘。

③ 图纸某部位变化较大或在原位置上改绘有困难，或改绘后杂乱无章，可以采用以下办法改绘：重新绘制竣工图、补绘大样图等。

④ 图上某一种设备、门窗等型号的改变，涉及多处修改时，要对所有涉及的地方全部加以改绘，其修改依据可标注在一个修改处，但必须在此处作简单说明。

⑤ 钢筋的代换、混凝土强度等级改变，以及墙、板、内外装修材料的变化等变更难以用图示方法表达清楚时，可加注或用索引的形式加以说明。

⑥ 涉及说明类型的洽商记录，应在相应的图纸上使用设计规范用语反映洽商内容。

3. 各阶段流程及成果

(1) 各阶段流程（表 4-4～表 4-7）。

表 4-4　方案设计阶段流程

流程	主要内容
整合初步设计文件	① 设计说明书，包括设计总说明、各专业设计说明。对于节能、环保、绿色、人防、装配式建筑等，其设计说明应有相应的专项内容； ② 工程设计依据； ③ 工程建设的规模和设计范围； ④ 总指标； ⑤ 设计要点综述
相关专业设计图纸	① 总平面：总平面专业的设计文件应包括设计说明书、设计图纸。 ② 建筑：建筑专业设计文件应包括设计说明书和设计图纸。 ③ 结构：结构专业设计文件应有设计说明书、结构布置图和计算书。 ④ 建筑电气：建筑电气专业设计文件应包括设计说明书、设计图纸、主要电气设备。 ⑤ 建筑工程给水排水：建筑工程给水排水专业设计文件应包括设计说明书、设计图纸、设备及主要材料表、计算书。 ⑥ 供暖通风与空气调节：供暖通风与空气调节专业设计文件应包括设计说明书，除小型、简单工程外，还应包括设计图纸、设备表及计算书。 ⑦ 热能动力：热能动力专业设计文件应包括设计说明书，除小型、简单工程外，还应包括设计图纸、主要设备表、计算书

流程	主要内容
主要设备或材料表	主要设备有照明设备、消防设备、智能化设备、暖通设备、强电设备、洁具设备等；主要材料有天花主要饰面材料（如铝板）、墙面主要饰面材料（如石材）、地面主要饰面材料（如地毯）等
工程概算书	工程概算书是方案设计文件的重要组成部分。工程概算书应单独成册，由封面、签署页（扉页）、目录、编制说明、建设项目总概算表、工程建设其他费用表、单项工程综合概算表、单位工程概算书等组成

表 4-5　施工图设计阶段流程

流程	主要内容
划分区域，分配任务（个人独立完成区域内所有图纸）	对照建筑、结构施工图找到负责的区域，明确该区域的基本情况
	参照效果图/模型调整平面（带完成面）、天花造型（严禁直接调用 SketchUp 模型）
	依据设计调整灯具位置及数量（专业灯具由厂家进行深化设计）
	如果需要反映设备情况，应以专业分包图纸为准，并将其整合到装饰专业图纸
	分析结构施工图中对应区域的梁体、暖通、消防、地面材质，确定天花标高
	立面图中准确反映材料、尺寸（如需要反映相关设备，也应添加）
	通用节点图用于反映项目中的常规做法，有造型的位置需要单独出图，以清晰反映各材料收口细节
	特殊造型应有大样图及节点图，以标明材料及尺寸
	门应依据设计及防火要求出具详细图纸

流程	主要内容
整合各分区图纸、编号，核查错误	各分区图纸按类型整合到总平面图
	索引图对应各分区平面图、立面图，剖面图符号、大样符号应在立面图中标明
	自行检查图纸，也可相互检查

表 4-6　深化设计阶段流程

流程	主要内容
准备	专业深化设计协调工程师根据深化设计总体进度计划提前 10d 向各专业深化设计工程师下达设计任务书，明确设计内容、范围、工期等；各专业深化设计工程师收集并消化建设单位下发的各种设计文件（施工图纸、设计变更文件、图纸会审纪要、会议纪要等），对存在的问题形成书面报告提交专业深化设计协调工程师处理
初步设计	各专业根据收集到的设计资料完成各自的初步深化设计，将其提交给各专业深化设计组负责人进行叠图、相互协调，并对发现的各专业之间的交叉、碰撞等问题进行整理后，提交给专业深化设计协调工程师处理； 专业深化设计协调工程师召集各专业深化设计工程师研究所接到的问题单，形成初步解决方案，并与原设计单位协调，在征得原设计单位同意后，由专业深化设计协调工程师据此形成深化设计要求文件下发至各专业深化设计工程师
深化设计	根据深化设计条件及图纸，各专业深化设计工程师各自进行本专业的深化设计； 在机电深化设计过程中，由专业深化设计协调工程师对各专业进行协调，并形成设备管线综合图、结构预留预埋图； 深化设计完成后，由专业深化设计协调工程师组织相关专业深化设计工程师对深化设计图纸进行审核把关

流程	主要内容
报审	经过总承包内部审核合格的深化设计图纸，由资料员提交给建设单位、设计单位、监理单位，在审核期间，专业深化设计协调工程师要密切关注审核进展情况，如果深化设计方案未获通过，由专业深化设计协调工程师再次组织相关设计师对建设单位、设计单位、监理单位提出的意见进行修改

表 4-7　竣工阶段流程

流程	主要内容
利用原施工图（蓝图）修改、绘制	① 无修改，在原施工图上加盖竣工图章； ② 修改较少，在原施工图上杠改，注明修改依据，再盖竣工图章； ③ 局部修改，将其中一部分提出，重新绘制； ④ 修改较多，超过图幅的 1/3，由设计院出定版施工图，再加盖竣工图章
重新绘制竣工图	利用设计单位提供的电子版 CAD 图来修改、绘制竣工图（要求：重新绘制目录、说明；使用新绘的竣工图图标；每张竣工图上都要写明绘制依据）

（2）各阶段成果。

施工图设计阶段成果主要有 CAD 图纸、PDF 文件、物料表、设计变更图和竣工图。其中，CAD 图纸包括封面、目录、施工说明、图例说明表、材料表、门表、系统图（总平面图、总天花图、总地材图、总索引图）、分区系统图（平面图、天花图、地材图、索引图）、立面图、剖面图、大样图、节点图和设备图。

4. 图面表达内容

（1）总平面图表达内容。

① 1F-P01[①] 总平面布置图。

1F-P01 总平面布置图表达内容见表 4-8。

---

① F 为层数，P01 为图号，下文同理。

表 4-8　1F-P01 总平面布置图表达内容

名称	表达内容
1F-P01 总平面布置图	表达出完整的平面布置内容全貌，以及各区域之间的相互连接关系
	表达建筑轴号及轴号间的建筑尺寸
	表达各功能对应的区域位置并作出说明，说明用阿拉伯数字（或字母）分区编号，并做表格对空间编号进行文字说明
	表达出平面装饰标高关系
	总平面图中除轴线尺寸外，无其他尺寸表达，无材料编号
	做法简单无须出立面图的区域可在总平面图中用文字标明做法，如空间地面铺 600 mm×600 mm 地砖，墙面用 100 mm 木踢脚线，墙面刷乳胶漆，天花扩棉板吊顶；或根据具体设计内容进行说明
	不在本次设计内的区域用斜线填充

② 1F-P02 总天花布置图。

1F-P02 总天花布置图表达内容见表 4-9。

表 4-9　1F-P02 总天花布置图表达内容

名称	表达内容
1F-P02 总天花布置图	表达各分区编号，以及所有天花上的灯具位置、装饰及其他（不注尺寸）
	表达出风口、检修口，烟感、温感、喷淋等装置，广播、投影仪等设备安装情况（视具体情况而定）
	表达各天花的标高关系
	表达各空间天花主要材料
	表达门、窗洞口的位置
	表达建筑轴号及轴线尺寸

③ 1F-P03 总平面地面铺饰图。

1F-P03 总平面地面铺饰图表达内容见表 4-10。

表 4-10　1F-P03 总平面地面铺饰图表达内容

名称	表达内容
1F-P03 总平面地面 铺饰图	表达出各区域地面材料及不同材料交接关系（用填充区分）
	表达出各区域地面材料分割线及拼花样式施工排版图（不需要标尺寸）
	表达出各区域主要地面材料编号
	注明地坪标高关系
	表达出建筑轴号及轴线尺寸

④ 总平面墙体放线定位图。

总平面墙体放线定位图表达内容见表 4-11。

表 4-11　总平面墙体放线定位图表达内容

名称	表达内容
总平面墙体 放线定位图	表达出按室内设计要求重新布置的隔墙位置，以及被保留的原建筑隔墙位置
	表达出承重墙与非承重墙的位置（填充表达）
	原墙拆除以虚线表示
	表达出门洞、窗洞的位置及平面尺寸
	表达出隔墙的定位尺寸，如有弧形墙体，则须定出圆弧中心
	表达出各地坪装饰标高的关系
	表达出建筑轴号及轴线尺寸

⑤ 1F-P05 总天花电位布置图（天花灯具为智能控制时，需出此天花电位图）。

1F-P05 总天花电位布置图表达内容见表 4-12。

表 4-12　1F-P05 总天花电位布置图表达内容

名称	表达内容
1F-P05 总天花电位 布置图	表达出各区域天花上电源的位置及图例，如电动投影幕布电源插座
	注明天花灯具分多少个回路
	注明各回路所控制的灯具
	注明天花标高关系
	表达出开关、插座在本图纸中的图表注释
	表达出建筑轴号及轴线尺寸
	右下角注明：此图仅用于设备专业参考，最终施工须以设备图为准（此图纸视情况出图）

⑥ 1F-P06 总平面电位布置图。

1F-P06 总平面电位布置图表达内容见表 4-13。

表 4-13　1F-P06 总平面电位布置图表达内容

名称	表达内容
1F-P06 总平面电位 布置图	表达出各区域墙面和地面的开关、强/弱电插座的位置及图例
	不表示地坪材料的排版和活动的家具、陈设品（活动的家具和陈设品需要特别强调时以虚线表示）
	注明电位的水平尺寸，并用文字说明其高度及使用对象，如：吊灯开关 1300 HT AFFL
	同一水平位置的强电插座面板与弱电插座面板水平中心距离不少于 250 mm
	注明地坪标高关系
	表达出开关、插座在本图纸中的图表注释
	如有大功率用电设备，应注明其用电量
	所有电位图例及说明文字绘制在模型中
	表达出建筑轴号及轴线尺寸
	右下角注明：此图仅用于设备专业参考，最终施工须以设备图为准（此图纸视情况出图）

⑦ 备注。

备注表达内容见表 4-14。

表 4-14　备注表达内容

名称	表达内容
备注	上述各项平面图内容仅指设计所需表示的范围，当设计对象较为简单时，视具体情况可将上述某几项内容合并到同一张平面图上表达，当设计对象较为复杂时，视具体情况可增加平面图来表达
	以上是增加还是减少图纸由项目负责人确定
	图名中英文对照表

（2）区域平面图表达内容。

① 1F-A-P01[①] 区域平面布置图。

1F-A-P01 区域平面布置图表达内容见表 4-15。

表 4-15　1F-A-P01 区域平面布置图表达内容

名称	表达内容
1F-A-P01区域平面布置图	表达出该区域名称、区域编号、立面图索引号、剖切符号、空间指引符号
	洗手间须表达出洗手盆龙头、浴缸龙头、喷淋头、电话机、放大镜、纸巾盒、毛巾杆等的位置
	表达出该区域的墙体定位尺寸（不显示拆除墙体）
	表达出隔墙、隔断、固定家具、固定构件、活动家具、窗帘
	表达出该区域详细的功能内容及文字注释
	表达出绿化植物及陈设品图例
	表达出电器、灯光灯饰的图例
	注明装饰地面的标高关系
	表达出建筑轴号及轴线尺寸
	设计较为复杂时，地面铺饰内容不显示，设计较为简单时，可显示地面铺饰及填充情况，并标注尺寸及地面材料，放大索引符号

---

① 1F 为层数，A 为区域编号，P01 为图号，区域为空间名称，下文同理。

② 1F-A-P02 区域天花布置图。

1F-A-P02 区域天花布置图表达内容见表 4-16。

表 4-16　1F-A-P02 区域天花布置图表达内容

名称	表达内容
1F-A-P02 区域天花 布置图	表达出详细的装饰尺寸
	表达出天花的装修材料编号及排版尺寸
	表达出天花的标高关系
	表达出该分区编号，天花装修的节点剖切索引号及大样索引号
	表达出天花的灯具位置、图例及其他装饰物（装饰物不标注尺寸）
	表达出窗帘、窗帘盒、推拉隔断轨道（必要时表达出窗帘轨道）
	表达出门、窗洞口的位置（无门扇表达）
	表达出风口，烟感、温感、喷淋等装置，广播、投影仪、检修口等设备安装情况（不标注尺寸）
	表达出建筑轴号及轴线尺寸

③ 1F-A-P03 区域天花灯具及设备定位图。

1F-A-P03 区域天花灯具及设备定位图表达内容见表 4-17。

表 4-17　1F-A-P03 区域天花灯具及设备定位图表达内容

名称	表达内容
1F-A-P03 区域天花灯具 及设备定位图 （当设计对象较为 简单时，此图 可与天花布置图 合并）	表达出天花的灯具位置、图例及其他装饰物（灯具须标注尺寸）
	表达出窗帘、窗帘盒（必要时表达出窗帘轨道）
	表达出天花的装修材料及排版（不标注尺寸）
	表达出风口、检修口，烟感、温感、喷淋等装置，广播、投影仪等设备安装情况（须标注尺寸）
	表达出推拉隔断轨道
	表达出天花的标高关系
	表达门、窗洞口的位置（不标注尺寸，无门扇表达）
	表达出建筑轴号及轴线尺寸

④ 1F-A-P04 区域地面铺饰图。

1F-A-P04 区域地面铺饰图表达内容见表 4-18。

表 4-18　1F-A-P04 区域地面铺饰图表达内容

名称	表达内容
1F-A-PO4 区域地面铺饰图 （当设计对象较为简单时，此图可与平面布置图合并）	表达出地坪材料的规格、材料编号、施工排版图，并标出详细的施工尺寸
	表达出埋地式内容（如埋地灯、暗藏光源、地插座等）
	表达出地坪相接材料的装修节点剖切索引号和地坪落差的节点剖切索引号
	表达出地坪标高关系
	表达出地坪拼花或大样索引号
	表达出地坪装修所需的构造节点索引
	表达出建筑轴号及轴线尺寸
	地面不同材料的分割线需比其他相同材料的分割略粗（如：地面普通分割线为 08♯色时，门槛石线、地材与地毯交接线可改 1♯色）

⑤ 1F-A-P05 区域墙体放线定位图。

1F-A-P05 区域墙体放线定位图表达内容见表 4-19。

表 4-19　1F-A-P05 区域墙体放线定位图表达内容

名称	表达内容
1F-A-P05 区域墙体放线定位图	表达出空调盘管须穿过各区域的平面位置，定位预留洞口平面尺寸，文字标明预留洞口高度
	表达出水管需穿过各区域的平面位置，定位预留洞口尺寸，文字标明预留洞口高度
	表达出各区域门洞平面定位尺寸，文字标明预留门洞高度
	标明预留门洞高度时，需从建筑标高算起，即门洞所需高度加地面找平层和铺饰层或地暖层

⑥ 1F-A-P06 区域装饰完成面尺寸图。

1F-A-P06 区域装饰完成面尺寸图表达内容见表 4-20。

表 4-20　1F-A-P06 区域装饰完成面尺寸图表达内容

名称	表达内容
1F-A-P06 区域装饰完成面 尺寸图	表达出该区域名称、区域编号
	表达出隔墙、隔断、固定构件、固定家具、窗帘等
	表达出平面上各装修内容的详细尺寸
	表达出地坪及固定装饰的标高关系
	表达出建筑轴号及轴线尺寸
	一般情况不表示任何活动家具、灯具、陈设品等（需要特别强调时以虚线表达）

⑦ 1F-A-P07 区域平面电位布置图。

1F-A-P07 区域平面电位布置图表达内容见表 4-21。

表 4-21　1F-A-P07 区域平面电位布置图表达内容

名称	表达内容
1F-A-P07 区域平面电位 布置图	表达出各区域墙面和地面的开关、强/弱电插座的位置及图例
	不表示地坪材料的排版和活动的家具、陈设品（活动的家具和陈设品需要特别强调时以虚线表示）
	注明电位的水平尺寸，文字说明其高度及使用对象，如：吊灯开关 1350 HT AFFL
	同一水平位置的强电插座面板与弱电插座面板水平中心距离不少于 250 mm
	注明地坪标高关系
	表达出建筑轴号及轴线尺寸
	表达出开关、插座在本图纸中的图表注释
	如有大功率用电设备，需注明其用电量
	所有电位图例及说明文字绘制在模型中
	右下角注明：此图仅用于设备专业参考，最终施工须以设备图为准

⑧ 备注。

备注表达内容见表 4-22。

表 4-22 备注表达内容

名称	表达内容
备注	上述各项平面图内容仅指设计所需表示的范围，当设计对象较为简单时，视具体情况可将上述某几项内容合并到同一张平面图上来表达，当设计对象较为复杂时，视具体情况可增加平面图来表达
	以上是增加还是减少图纸由项目负责人确定

⑨ 文字说明。

文字说明表达内容见表 4-23。

表 4-23 文字说明表达内容

名称	表达内容
文字说明	当英文字母单独用作代号或符号时，不得使用 I、O、Z 三个字母，以免同阿拉伯数字 1、0 及 2 相混淆
	表示数量的数字应用阿拉伯数字及后缀度量衡单位，如：三千五百毫米写成 3500 mm，三千平方米写成 3000 m^2；12 厚玻璃写成 12 mm 玻璃
	表示分数时，不得将数字与文字混合书写，如：四分之三应写成 3/4，不得写成 4 分之 3，百分之三十五应写成 35％，不得写成百分之 35

(3) 立面图、大样图、节点图、轴测图表达内容。

① 1F-A-E01 立面图。

1F-A-E01 立面图表达内容见表 4-24。

表 4-24 1F-A-E01 立面图表达内容

名称	表达内容
1F-A-E01 立面图	表达出被剖切后的建筑及装修的断面形式（墙体、门洞、窗洞、抬高地坪、装修内包空间、吊顶背后的内包空间等，断面的绘制深度由所绘的比例大小而定）
	表达出在投视方向未被剖切到的某立面的可见装修内容和固定家具
	表达出施工所需的尺寸及标高
	表达出节点剖切索引号、大样索引号

名称	表达内容
1F-A-E01 立面图	表达出装修材料编号及做法说明
	表达出该立面的轴号、轴线尺寸
	用虚线绘制出各家具、灯具及其他艺术品的主要可见轮廓线（如需标出家具、灯具及其他艺术品等的定位尺寸及编号，应用细实线绘制）
	表达出该立面的立面图号及标题
	表达出该立面的立面图号、图名及比例
	比例：1∶25、1∶30、1∶40、1∶50

② 1F-A-D01 大样图。

1F-A-D01 大样图表达内容见表 4-25。

表 4-25　1F-A-D01 大样图表达内容

名称	表达内容
1F-A-D01 大样图	表达出由顶至地连贯的被剖截面造型
	表达出由结构体至表饰层的施工构造方法及连接关系（如断面龙骨）
	从大样图中引出须进一步放大表达的节点详图，并有索引编号
	表示出结构体、断面构造层及饰面层的材料图例、编号及施工说明
	表达出详细的施工尺寸
	注明有关施工所需的要求
	表达出大样图号及比例
	比例：1∶5、1∶10、1∶15、1∶20

③ 1F-A-D01 节点图。

1F-A-D01 节点图表达内容见表 4-26。

表 4-26　1F-A-D01 节点图表达内容

名称	表达内容
1F-A-D01 节点图	详细表达出被剖切截面从结构体至饰面层的施工构造连接方法及相互关系

名称	表达内容
1F-A-D01 节点图	表达出紧固件、连接件的具体图形与实际比例尺度（如膨胀螺栓等）
	表达出详细的饰面层造型与材料编号及说明
	表示出各断面构造内的材料图例、编号、说明及工艺要求
	表达出详细的施工尺寸
	注明有关施工所需的要求
	表达出墙体粉刷线及墙体材质图例
	注明节点图号及比例
	比例：1：1、1：2、1：3、1：5

④ 轴测图。

轴测图表达内容见表 4-27。

表 4-27　轴测图表达内容

名称	表达内容
轴测图	以轴测原理绘制出的透视示意图。当平面图、立面图、剖面图不足以清晰表达出所需图形时，可添加轴测图表示（由项目负责人确定）
	表达出图形的施工构造连接方法及相互关系
	表达出紧固件、连接件及比例尺度（如膨胀螺栓等）
	表达出详细的饰面层造型与材料编号及说明
	表示出各构造内的材料图例、编号、说明及工艺要求
	表达出所需的尺寸深度
	注明有关施工所需的要求
	注明节点详图号及比例（或无比例）
	按需要选择比例或无比例

4.1.5　信息模型出图的操作流程及操作要点

1. 操作流程

（1）总体操作流程。

① 收集数据，并确保数据（出图模板、出图标准、出图深度要求与规

范等）的准确性。

② 校审模型的合规性，针对其他专业提出的设计要求对模型进行调整和修改。

③ 通过剖切模型创建相关图纸并保存；辅以二维标识和标注，使图纸满足各阶段图纸深度及内容要求；对于局部复杂空间，宜增加三维透视图和轴测图辅助表达。

④ 复核图纸，确保图纸的准确性。

（2）BricsCAD 软件操作流程。

① 创建出图模板。

a. 在页面布局中直接修改图纸尺寸。

b. 在批注选项中插入表格样式。

c. 生成图纸，并保存为模板。

② 创建剖面，生成图纸。

a. 在 BIM 界面下，点击剖面，并对模型进行剖切。

b. 设置图纸大小及方向，并选择前面做好的出图样板进行出图。

c. 进行初步图纸修改（模型＋布局＋二维工作区）。

（a）系统原始出图时，布局会根据模型图层的颜色出图，这个时候可以对图层的颜色进行修改。

（b）在修改图纸时，尽量都在模型中修改，布局尽量不改。

③ 进行图形标注。

a. 使用表格、汇总索引，在图纸上方制作 BOM 单（bill of material，物料清单）。

b. 添加尺寸、注释比例。

④ 出图。

2. 操作要点

（1）BricsCAD 里套用别的参照样式，如标注样式、字体。

打开内容浏览器，新增文件夹，找到自己之前做过的或已有的标注样式，直接拖拽到界面中即可。

（2）BricsCAD 参数化标注。

软件工作区在 BIM 状态下，找到菜单栏里的【批注】，点击【标记组成】即可对图纸模型的材质进行自动标注,还可以修改相应的标记样式。(前提是模型建模时对面层的材质已标注过。)

(3) 布局中图面线框的设置。

这个线框在图面调整完成后把图框的图层移为 Defpoints 图层,该图层在打印时默认是不显示的。

(4) 在模型中进行尺寸标注的文字标注时,如果在尺寸标注中更改文字大小格式不显示,则可以在文字样式中更改。

(5) 应注意出图的模型中的标注和布局中的标注不一样。

4.1.6 信息模型出图部分成果

信息模型出图部分成果如图 4-1 所示。

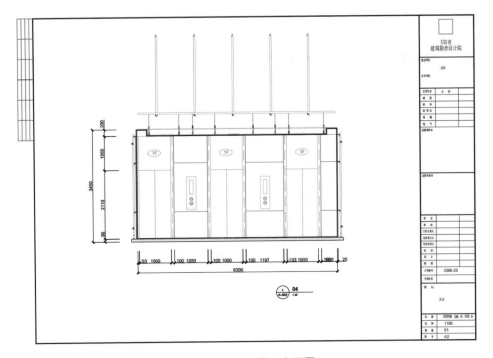

图 4-1 一层电梯厅立面图

图纸是设计产品的集中体现,是设计工作的最终成果和主要的技术文件。BIM 软件还在进行不断的完善,当前基于三维模型出图是否顺畅仍然是影响 BIM 设计能否被设计人员接受的首要因素。软件出图遇到的最大困难是制图标准和符号法则与实践不一致等问题,需要我们通过定制或者二次开发，连接软件和实践之间的"最后一千米"，完成软件使用的本土化。当然我们的制图标准是在手绘图的时代制定的，绘图符号和标记是为了解决二维图纸反映三维对象时的局限性而发明的，我们现在有了三维工具，可使一个普通外行人看懂三维对象，轻易理解设计意图。

4.2 出量

出量是指利用各阶段设计模型提取各部位的材料、构件、设备等相关属性信息，生成文件明细表，精确统计各项常用指标，以辅助进行技术指标测算，并在建筑信息模型修改过程中，发挥关联修改作用，实现精确快速统计。

在项目的任何阶段都可以创建明细表，项目的修改会影响明细表统计的量，也就是说，明细表会根据实际的量进行调整和自动更新。

明细表不能直接用于造价，只能提供量的统计。我们可以把明细表数据导入第三方平台去进行造价。

4.2.1 信息模型出量的目的与意义

① 基于三维模型按材料表要求统计模型的数量、名称、材质等信息。

② 依据不同模型深度明细表内容，可按要求生成不同类型的明细表，实现工程量统计。

③ 当发生设计变更时，在模型更新的基础上可自动统计出新的数据表格。

4.2.2 信息模型出量的工作标准

1. 原则

利用建筑信息模型的相关信息，结合模板文件，生成一系列数据表格。

（1）计价方式规定。

① 建设工程施工发承包造价由分部分项工程费、措施项目费、其他项目费、规费和税金组成。

② 分部分项工程和措施项目清单应采用综合单价计价。

③ 招标工程量清单标明的工程量是投标人投标报价的共同基础，竣工结算的工程量按发、承包双方在合同中约定应予计量且实际完成的工程量确定。

④ 措施项目清单中的安全文明施工费应按照国家、省级或行业建设主管部门的规定计价，不得作为竞争性费用。

⑤ 规费和税金应按国家、省级或行业建设主管部门的规定计算，不得作为竞争性费用。

（2）工程量清单编制依据。

① 本工程和相关工程的国家计量规范。

② 国家、省级或行业建设主管部门颁发的计价依据和办法。

③ 建设工程设计文件。

④ 与建设工程有关的标准、规范、技术资料。

⑤ 拟定的招标文件。

⑥ 施工现场情况、工程特点及常规施工方案。

⑦ 其他相关资料。

（3）分部分项工程量清单规定。

分部工程是单位工程的组成部分，是单位工程按结构部位、路段长度及施工特点或施工任务划分为若干分部的工程；分项工程是分部工程的组成部分，是分部工程按不同施工方法、材料、工序及路段长度等划分为若干个分项或项目的工程。分部分项工程量清单规定如下。

① 分部分项工程量清单应包括项目编码、项目名称、项目特征、计量单位和工程量。

② 分部分项工程量清单应根据附录规定的项目编码、项目名称、项目特征、计量单位和工程量计算规则进行编制。

③ 分部分项工程量清单的项目编码应采用前十二位阿拉伯数字表示，一至九位应按附录的规定设置，十至十二位应根据拟建工程的工程量清单项目名称设置，同一招标工程的项目编码不得有重码。

④ 分部分项工程量清单的项目名称应按附录的项目名称结合拟建工程的实际确定。

⑤ 分部分项工程量清单项目特征应按附录中规定的项目特征，结合拟建工程项目的实际情况予以描述。

⑥ 分部分项工程量清单中所列工程量应按规定的工程量计算规则计算。

⑦ 分部分项工程量清单的计量单位应按规定的计量单位确定。

⑧ 工程计量时每一项目汇总的有效位数应遵守下列规定。

a. 以"t"为单位，应采取四舍五入法保留至小数点后三位。

b. 以"m、m²、m³、kg"为单位，应采取四舍五入法保留至小数点后两位。

c. 以"个、件、根、组、系统"为单位，应取整数。

⑨ 编制工程量清单时若出现相关文件中未包括的项目，编制人应作补充，并报省级或行业工程造价管理机构备案，省级或行业工程造价管理机构应汇总报住房和城乡建设部标准定额研究所。

⑩ 补充项目的编码由01、B和三位阿拉伯数字组成，并应从01B001起顺序编制，同一招标工程的项目不得重码。工程量清单中需附有补充项目的名称、项目特征、计量单位、工程量计算规则、工程内容。

2. 工程计量

(1) 一般规定。

① 工程量应当按照相关工程的现行国家计量规范规定的工程量计算规则计算。

② 工程计量可选择按月或按工程形象进度分段计量，具体计量周期在合同中约定。

③ 因承包人原因造成的超范围施工或返工的工程量，发包人不予计量。

(2) 单价合同的计量。

① 工程计量时，若发现招标工程量清单中出现缺项、工程量偏差，或因工程变更引起工程量的增减，应按承包人在履行合同过程中实际完成的工程量计算。

② 承包人应当按照合同约定的计量周期和时间，向发包人提交当期已完工工程量报告。发包人应在收到报告后 7 d 内核实，并将核实计量结果通知承包人。发包人未在约定时间内进行核实的，则承包人提交的计量报告中所列的工程量视为承包人实际完成的工程量。

③ 发包人认为需要进行现场计量核实时，应在计量前 24 h 通知承包人，承包人应为计量提供便利条件并派人参加。如果双方均同意核实结果，则双方应在上述记录上签字确认。承包人收到通知后不派人参加计量，视为认可发包人的计量核实结果。发包人不按照约定时间通知承包人，致使承包人未能派人参加计量时，计量核实结果无效。

④ 若承包人认为发包人的计量结果有误，应在收到计量结果通知后的 7 d 内向发包人提出书面意见，并附上其认为正确的计量结果和详细的计算资料。发包人收到书面意见后，应对承包人的计量结果进行复核后通知承包人。承包人对复核计量结果仍有异议的，按照合同约定的争议解决办法处理。

⑤ 承包人完成已标价工程量清单中每个项目的工程量后，发包人应要求承包人派人共同对每个项目的历次计量报表进行汇总，以核实最终结算工程量。发承包双方应在汇总表上签字确认。

（3）总价合同的计量。

① 总价合同项目的计量和支付应以总价为基础，发承包双方应在合同中约定工程计量的形象目标或时间节点。承包人实际完成的工程量是进行工程目标管理和控制进度支付的依据。

② 承包人应在合同约定的每个计量周期内，对已完成的工程进行计量，并向发包人提交达到工程形象目标所需完成的工程量和有关计量资料的报告。

③ 发包人应在收到报告后 7 d 内对承包人提交的上述资料进行复核，以确定实际完成的工程量和工程形象目标。对其有异议的，应通知承包人进行共同复核。

④ 除按照发包人工程变更规定引起的工程量增减外，总价合同各项目的工程量是承包人用于结算的最终工程量。

（4）工程量计算还应依据的文件。

① 经审定的施工设计图纸及其说明。

② 经审定的施工组织设计或施工技术措施方案。

③ 经审定的其他有关技术经济文件。

（5）工程量清单总说明。

工程量清单总说明应包括下列内容。

① 工程概况：建设规模、工程特征、计划工期、施工现场实际情况、自然地理条件、环境保护要求等。

② 工程招标和分包范围。

③ 工程量清单编制依据。

④ 工程质量、材料、施工等的特殊要求。

⑤ 其他需要说明的问题。

3. 工程计量阶段流程

① 明确各深度模型出量要求。

② 对照三维模型，划分出量区域。

③ 按类别选取计量构件。

④ 添加材质属性。

⑤ 设置属性排列方式。

⑥ 设置过滤条件，过滤不必要的信息属性。

⑦ 导出明细表。

⑧ 整合各分类明细表。

⑨ 复查明细表。

4. 出量成果

信息模型出量成果如下。

（1）建筑装饰表。

建筑装饰表应在方案设计阶段依据建设方要求进行编制。

（2）文件明细表。

① 文件明细表应包括图纸目录、房间装修做法表、装饰材料统计表、门窗表、家具表、设备表等。文件明细表内容应与设计总说明一致。

② 利用模型提取各部位的材料、构件、设备等相关属性信息。

③ 利用明细表统计或校验相关的数据是否满足技术经济指标要求。

（3）工程量清单。

① 工程量统计在方案设计阶段、施工图设计阶段、深化设计阶段均有体现，但不同阶段采用不同计量、计价依据，并体现不同的造价管理与成本控制目标，其基本流程相同。

② 利用模型提取的工程量清单可用于工程量清单编制和工程造价控制，并作为工程项目预结算的依据。

③ 具体内容与要求可参考《建筑装饰装修工程 BIM 实施标准》（T/CBDA 3—2016）第 5.3.4 条。

（4）两图一表。

此处的"两图一表"指设计范围示意图、主材排版图和材料明细表。设计范围示意图即辨明设计方向位置的图，通过查看设计范围示意图可快速定位主材排版图及明细表计量的相应位置。在深化设计过程中，应根据现场的实际尺度，对主材饰面区域进行主材预排，方便后期厂家对主材进行编号，现场工人会根据主材排版图和主材编号进行主材安装。而根据设计立面（或地面）而制成的主材图纸，就被称为主材排版图。材料明细表包括主材下单明细表和材料参数统计表。

本节有关信息模型出量的工作标准仅作参考。企业可依据自己的工作标准或实际工程需要自行制定，但不应低于上文所提及的相关要求。

4.2.3 信息模型出量的操作流程

① 明确此环节所需导出的信息内容与深度要求，设置或导入出量模板。

② 核对模型中所需数据信息的准确性与完整性。

③ 利用模型导出图表。

④ 复核图表，确保图表的准确性。

下面以地面饰面砖为例，简要讲解 BricsCAD 软件出量操作要点。

① 选取相关构件，左上角可以查看选取数量，通过与出量表比对，方便检查计量是否正确。

② 利用 BricsCAD 软件数据提取命令，按照明细表要求，选取构件相应属性。

③ 选择输出文件位置，将数据导出生成 CSV 文件。

④ 利用 Excel 软件进行数据整理，得到材料表。

⑤ 按名称、数量（从高到低排序）等顺序整理表格。

⑥ 将整理完成的数据复制到明细表模板。

具体操作步骤详见第 5 章，其他部品部件出量步骤同上，相信读者熟练 BricsCAD 软件后，部品部件出量会非常省时、省力。

4.3 可视化

4.3.1 信息模型可视化的目的与意义

① BIM 模型可视作一个大型的建筑信息库，在建筑开始施工之前，可以检视所有的建筑空间以及里面的相关设备和设施，甚至是动态仿真施工和后期的运营维护，将可以更直觉、快速、正确地看到建筑物实际完成后可能会产生的问题，了解未来工程的全貌及预计施工的过程，提前预防问题的产生。

② 可视化的应用较为广泛。BIM 模型在计算机上动态且直观地仿真展示出情景，不仅可以检视设计的正确性，还可以辅助建设单位更客观、准确地做出决策。

③ 可视化是设计师与非专业人员沟通的媒介，在方案沟通与招投标中也有重要作用。

4.3.2 信息模型可视化的工作标准

1. 效果图及漫游动画工作标准

(1) 效果图及漫游动画工作要求。

效果图及漫游动画工作要求见表 4-28。

表 4-28　效果图及漫游动画工作要求

项目	工作要求
建模	装饰构造清晰合理，装饰完成面误差须达到方案施工图标准。家具及构造模型尺寸必须符合人体工程学尺寸
构图	在设置摄像机和调整视角之前必须明确画面表现主体或者主要表现区域。构图追求饱满和谐，均衡稳定，从属物应错落有致，关联呼应，主题明确，表现力强，画面干净、整洁。尽量避免使用两点透视
摄像机	常见空间保持默认摄像机广角参数，设置需要出图的视角镜头，可以根据实际项目需要进行调整
材质	材质要求贴图清晰，尺寸合理，尽量使用无缝贴图，与实际效果相匹配，材质表达接近真实照片，近景材质的凹凸及纹理必须细腻
灯光	在材质调整完成之后进入灯光布置阶段，根据整体空间特性和表现要求梳理灯光布置思路，从突出重点、冷暖对比、氛围调节以及功能需求等角度进行灯光布置
渲染	在渲染之前进行灯光测试和材质检查，合理规划渲染区域，控制渲染时间，对渲染成果有一定的意向和预期

对于漫游动画，除了表 4-25 中所列工作要求，还有以下工作要求。

① 文字脚本设计：把漫游动画需求用文字准确表述。

② 分镜故事板和 3D 故事板：根据文字创意脚本进行分镜头制作。根据 3D 模型和分镜故事板制作出 3D 故事板（其中包括摄像机机位摆放、基本动画、镜头时间定制等知识）。

③ 分镜动画制作：根据漫游动画脚本、分镜故事板进行分镜头制作。

④ 动画路径选择：编辑动画漫游路径时应尽量选择单向路线，避免重复游览，应按照流线有组织、有逻辑地安排漫游路径，需要照顾到空间整体效果与重点部位展示。

⑤ 后期处理：根据项目需要，对漫游动画添加必要的项目信息、参考图片、视频等，同时进行剪辑，添加音频、音效、字幕、转场效果、背景音乐等元素，提升视频整体表现力。

（2）效果图及漫游动画评价标准。

效果图及漫游动画评价标准见表 4-29。

表 4-29　效果图及漫游动画评价标准

项目	评价标准
总体印象	整体是否干净整洁，构图是否合理，明暗与色彩是否和谐，整体风格是否符合设计要求，渲染效果是否有美感
气氛把握	画面营造的各种气氛是否到位，是否符合设计要求（这些气氛由整体文化氛围及室内空间的功能决定）
材料质感	画面元素的各种表现材质是否真实到位，凹凸纹理及反射等细节处理表现是否符合真实要求
结构体量	空间形体的结构、转折关系是否明确，家具及空间装饰的造型、轮廓、体量关系是否表达清晰，墙面、玻璃、屋面几大块关系是否区分明确，画面各元素是否比例正确
虚实层次	画面的空间层次关系、虚实变化是否丰富，远、中、近景是否齐全
主次关系	画面需要表达的主题是否突出，画面的视觉中心是否明确
场景细节	画面是否具有真实的光感和丰富的细节，室内的空间是否明确、丰富，环境和植物是否具有丰富的形体组成，是否符合所在地理位置
和谐程度	画面上各类元素、光影效果是否融入画面，在颜色、光感各方面是否具有和谐、统一、自然的感觉

对于漫游动画，除了表 4-29 中所列工作标准，还有以下评价标准。

（1）行径路线是否符合逻辑，能否完整展现空间特点，包括流线及空间主体。

（2）画面切换是否柔和、自然，各部分衔接是否得当。

（3）必要的标注信息是否添加，包括片头动画、项目相关信息、尺寸、位置、空间功能等解释性信息，以及参考意向图片、视频、动画等增加漫游动画表现力的信息。

（4）背景音乐、音效、解说等优化视频表现力的音频元素是否添加。

2. 工艺演示动画工作标准

（1）工艺演示动画简介。

工艺演示动画属于三维动画中的一个分支，与一般三维动画相比，制作人员既要熟悉施工技术，又要熟练地使用计算机三维建模技术来搭建真实的施工方案数字环境，最重要的一点是必须了解建筑结构和施工方案，根据客户制作的施工方案和施工说明，工艺演示动画公司必须能够把它进行数字化，并用动画形式表现出客户的要求和意图。

工艺演示动画是通过三维建模技术把建筑施工的过程提前预演出来，这样可以详细和全面地了解建筑施工。提前制作工艺演示动画可以避免在施工过程中出现的一些错误，并提前做修改和调整，这样可以保证工程施工的安全及质量。另外，工艺演示动画还可以提前帮助施工人员了解一些复杂的施工技术，确保施工过程的万无一失。

（2）工艺演示动画工作要求。

工艺演示动画工作要求见表 4-30。

表 4-30　工艺演示动画工作要求

项目	工作要求
文字脚本设计	把工艺演示动画需求用文字准确表述
动画场景设计	场景中所涉及的模型制作包括道路、桥梁、隧道、收费站、施工机械及周边的辅助设施
分镜故事板和 3D 故事板	根据文字创意脚本进行分镜头制作。根据 3D 模型和分镜故事板制作出 3D 故事板，其中包括摄像机机位摆放、基本动画、镜头时间定制等知识
模型制作、着色及渲染	制作模型、设定材质纹理和灯光等相关信息
渲染合成	把各镜头文件分层渲染合成
后期处理	根据镜头和项目需要进行配音，根据动画内容配上合适的背景音乐和各种音效，并剪辑成片

（3）工艺演示动画评价标准。

① 工艺流程是否清晰、完整、正确、有逻辑，动画演示是否流畅，播放速度是否合理。

② 效果表现是否符合真实情况，场景建构、材质表现是否真实合理。

③ 解说是否明确易懂，符合工艺演示需要。

（4）重难点部分是否有突出表现和着重强调。

4.3.3 信息模型可视化的操作流程

信息模型可视化的原则为先建模，再出成果。其操作流程如下。

（1）前期资料整理，并确保数据的准确性。这些资料主要包括信息模型、相关资产库、项目相关文件和资料、意向图等。

（2）根据可视化效果要求进行模型优化，并审核是否满足可视化要求。

（3）选择合适的渲染器，进行渲染预览，对模型进行调整，包括摄像机设置、细节修改、灯光布置及材质调整等。

（4）审核最终效果并进行修改，然后出图、存档。

信息模型可视化的成果主要有效果图、漫游动画、工艺演示动画以及AR/VR等其他可视化成果。

05

BricsCAD 数字
资产定制

BricsCAD 提供了一种一站式 BIM 解决方案和一种集成式的 BIM 工作流程，其可用于建筑设计、室内设计等。

（1）作为 BIM 工具。

① BricsCAD 软件安装包仅约 500 MB，就集成了 2D 制图、3D 建模、机械设计和 BIM 四大工作台，还包括可与 SketchUp 媲美且免费的 BricsCAD Shape。BricsCAD 不受预定义零件或库组件的限制，可使用直观的推拉式建模实现基于 3D 实体的设计。

② BricsCAD 软件为 3D 模型提供了额外的数据层。BricsCAD BIM 允许将数据添加到模型中，并提供创新的人工智能和机器学习工具，如图块化、复制指导、BIM 化、自动参数化、匹配和传播等功能。

③ BricsCAD 软件主要读写 DWG 文件，与 AutoCAD 高度兼容，并与 AutoCAD 操作界面类似，容易上手。

④ BricsCAD 软件可以直接与主流的三维 BIM 软件互通，以促进与 BricsCAD BIM 的协同工作流程。BricsCAD 不仅可以从 Revit 导入几何图形，把 RVT 项目作为外部参考或本地实体；还可以直接打开 SketchUp 的模型文件，直接插入 SKP 组件。此外，BricsCAD 还能直接打开 Rhino 的 3DM 模型。BricsCAD BIM 的底层数据库是 OpenBIM 行业基础类（IFC）4.0 架构的 1∶1 映射，支持整个产品的开放标准，例如用于显示和解决设计问题的 BIM 协作格式（BCF）。

（2）作为 BIM 平台。

① BricsCAD 可以满足建筑全生命周期所需的功能，涵盖城市规划、路桥隧道、建筑工程、机电设备、机械设施、装饰装修等多个专业，为设计企业、工程总承包商、工程分包商和供应商提供了基于 BIM 的集成应用平台。

② BricsCAD 可以实现三维可视化，内置渲染插件。BricsCAD 可以使用 Enscape、Twinmotion 或 Lumion 开始实时渲染，并逐步完成完全渲染的模型项目。

③ BricsCAD 可以将第三方应用程序开发人员聚集在一起，为结构工程分析、建筑机械系统设计、照片渲染和算法设计提供方案。相比 Revit，BricsCAD 在模型轻量化、互操作性和开放性方面，已经切实成为新兴 BIM 应用中的领军者。

（3）作为 BIM 环境。

使用 BricsCAD 软件内置的协同平台——Bricsys 24/7，可以在设计、工程和施工方面进行有效的协作。Bricsys 24/7 是一个基于 SaaS（software as a service，软件即服务）云平台的公共数据环境（common data environment，CDE），用于文档管理和工作流自动化。

Bricsys 24/7 提供基于角色的安全和无限制的用户，以确保文档查看的准确性。其查看器支持 70 多种文档格式，不需要在计算机上安装本机软件，借助独特流式查看器技术查看大型 CAD 文件和 BIM 模型只需几秒钟。

本章将讨论以 BricsCAD 软件为基础的数字资产库的定制方法及流程，所涉及的内容分为五大部分：① 样板库定制；② 材质库定制；③ 构造库定制；④ 构件库定制；⑤ 脚本库定制。每个部分都详细阐述了所属库的文件分类、归档规则，以及其定制及调用的详细流程。

5.1　数字资产概述

在数字化项目推进的过程中，经常会出现可以重复使用的构件、材质或构造等数字资源，考虑到 BIM 技术应用点的复用性和延续性，可以将数字资产汇编成库，依据不同数字化平台的特点，按照类型、专业等归类存档，方便在今后的项目中及时调用，从而节省时间，避免过度建模和重复建模。数字资产库中的资源还可用于教学及参考，辅助后续项目的设计与实施。

此外，资产库的建设还可在项目运营阶段，通过数据收集和维护、业务建模及数据消费，构建完善的运营模拟与运营监控体系。

5.1.1　数字资产定义

数字资产是由企业拥有或控制的能够为企业带来未来经济效益的信息资源。BIM 技术应用所带来的建筑数字资产是由建设工程项目的模型和依附于模型的建筑设备数据等信息组成的。合理运用数字资产可以为建筑企业减少或消除工程建设过程中的错误，为工程项目的管理控制和科学决策提供合理依据，并给建筑行业带来经济效益。

5.1.2 数字资产定制的目的

1. 避免模型重建

模型是信息的载体，模型本身也是一种信息。由于专业划分多，一个工程项目中 BIM 模型的总数较大，建模难度高。同时，建模缺乏标准化、规范化的指导文件，设计阶段与施工阶段对模型细度的要求有所不同，并且项目各参与方之间缺少交流，导致重复建模、模型不可互用等问题。

构建完善的数字资产库体系及标准，可以有效提升模型的利用率。如果建设单位、设计单位、施工单位甚至供货商都建立自己的数字资产库，并且定期对市场上的标准构件、设备进行建模并录入，那么这些模型就可以随时被调用和再编辑，从而提高模型的利用率，降低成本。

2. 明确模型的精细程度，规范数字模型建构标准

国内建设单位往往是在招标条件中简单地提出应用 BIM，却并未制定 BIM 应用的具体内容，例如模型需要达到的细度。而一个工程项目的设计需要建筑、结构、给排水、暖通和电气等多个专业参与，且各专业的设计工作相对独立，从而容易造成模型细度不一。完善的数字资产库体系可以使得模型建构标准更加全面，对模型建构提供指导，提高信息模型的规范性和科学性。

3. 协调各类 BIM 软件及平台

数字资产的价值在于实时、完整、准确地掌握产业链各个环节的信息，并保证这些信息能够在产业链的协同过程中顺畅流动，基于专业标准制定的数字资产库可以有效避免在不同软件之间文件转换的过程中，信息丢失、错误、更改的问题。

4. 推动信息资源在全寿命期应用

《建筑信息模型应用统一标准》（GB/T 51212—2016）中指出："建筑

信息模型应用宜覆盖工程项目全寿命期。"因此，为最大限度地体现 BIM 技术的价值，不可将项目前期策划、设计、施工和运营各个阶段的工作内容割裂开。

数字资产的价值体现在建设项目的全寿命期。从项目的策划到设计、施工、运营维护、改建拆除，数字资产在各个阶段都发挥着不同的作用。然而在一个工程建设项目中，信息往往被割裂开来，工程项目各参与者目标不同，因此，合理组织工程项目各参与者，建立并维持建筑信息模型及其相应数据的共享性和连续性，才能发挥 BIM 技术的最大作用。

5.1.3 数字资产的分类

随着 BIM 技术在建筑领域的广泛应用，BIM 模型所承载的项目数据及信息的交付标准也越来越严格，作为从项目中总结经验以及依附于项目模型的数字资产也越来越重要。数字资产主要包括样板库、材质库、构造库、构件库以及脚本库这五大部分（详见附表 1）。构建并运用这些数字资产可以帮助企业快速高效地推动建筑项目。

5.2 样板库定制

5.2.1 样板库概述

BricsCAD 作为通用性 BIM 软件，不仅可以应用于建筑、装饰领域，还可以应用于机械等领域。BricsCAD 软件具备灵活性高、可定制性强的优点，但正因为其灵活性高，针对装饰深化设计的设置及文件样板需要设计师根据其业务需求自行定制。本节针对现有装饰深化设计流程以及 BricsCAD 软件特点，提出了对应于 BricsCAD 软件样板库的定制步骤及规则，先制定了样板库的文件分类归档规则，再详细讲解了不同样板的定制及调用步骤。

本节所涉及的样板定制内容如下：项目文件夹结构样板、图层样板、BIM 属性样板、出量设置样板、出图设置样板、绘图界面设置样板。

5.2.2 样板库文件分类归档规则

为方便样板的查找与取用，需要对相应的样板库文件进行分类、归档整理，整理完善后的文件可作为设计公司的内部资产，各设计师在同一套样板下进行深化设计，可以增强各文件的规范性，提高之后文件交换及整合的效率。样板库文件分类表见表 5-1。样板库文件参照表 5-1 进行归档。

表 5-1　样板库文件分类表

一级目录	二级目录	说明
样板	项目文件夹结构样板	可执行 Python 程序，可辅助创建相应文件夹
	图层样板	包含图层样板以及图层状态样板
	BIM 属性样板	针对不同 BIM 分类的自定义属性
	出量设置样板	出量表格模板以及不同 BIM 构件的出量规则文件
	出图设置样板	标注样式文件、图框模板、出图自定义模板
	绘图界面设置样板	针对软件易用性设置的一些文件

5.2.3 样板定制及调用

1. 项目文件夹结构样板

项目文件夹用于存放所有相关专业协同工作时所用的过程文件及成果文件。装饰工程 BIM 实施过程中，应基于"自上而下"的模型文件规则建立文件夹结构。

文件夹结构可参考附表 2。(附表 2 参考《建筑装饰装修工程 BIM 实施标准》(T/CBDA 3—2016) 附录 E 协同文件夹结构表绘制而成。)

BricsCAD 软件可应用内容浏览器面板建立项目工程文件，同时可通过 Python 脚本一键生成相应的项目管理文件夹。使用 BricsCAD 软件手动建立项目管理文件夹的流程如下。

① 从侧边栏中打开内容浏览器面板，如图 5-1 所示。

② 通过新增文件夹按钮可以加载已经建立好的项目文件夹样板，如图 5-2 所示。

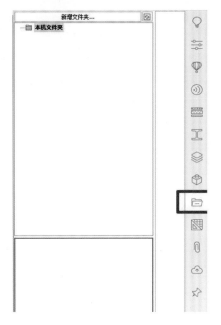

图 5-1　打开内容浏览器面板　　　　图 5-2　加载项目文件夹样板

2. 图层样板

在 BricsCAD 中设置图层是为了管理和控制图形、图像，简单来说是为了修改和操作的便捷。图层有利于电子图的编辑，当编辑某一图层时，就可以将遮挡视线的其他图层隐去。在编辑复杂图形时，图层更能发挥作用。BricsCAD 软件里的图层状态资源管理器，可以添加、设置图层状态。不同建模阶段和出图阶段，图层状态各不相同。图层样板建立步骤如下。

① 在空白 DWG 文件中根据企业图层标准建立通用全状态图层，如图 5-3 所示。

② 根据不同的出图阶段设置不同的图层状态，如图 5-4 所示。

③ 存储 DWG 文件为 DWT 格式模板文件，在以后绘图时，只需调用对应的模板文件，即可使用相应的图层设置。

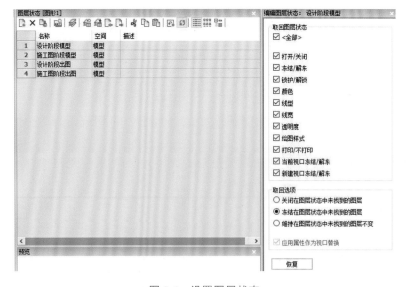

	目..	名称	描述	打..	冻..	锁..	颜色	线型	线宽
1	◎	0		♀	☼	⬚	■白	连续	默认
2		AR_DIM	建筑轮廓标注	♀	☼	⬚	■ RGB:0,1	连续	0.09
3		CEILING	天花装饰层	♀	☼	⬚	□ RGB:240	连续	0.20
4		CEILING_DIM	天花定位标注	♀	☼	⬚	■ RGB:0,1	连续	0.09
5		CEILING_LIGHT_DIM	天花灯定位	♀	☼	⬚	■ RGB:0,1	连续	0.09
6		CEILING_LSK	天花轻钢龙骨系统	♀	☼	⬚	■ RGB:176	连续	0.13
7		CEILING_NO	天花材料编号	♀	☼	⬚	■ RGB:46,	连续	0.09
8		CEILING_PT	天花综合点位	♀	☼	⬚	□ RGB:255	连续	0.09
9		CEILING_SFC	天花钢架转换层	♀	☼	⬚	■ RGB:70,	连续	0.13
10		CEILING_TEXT	天花材料名称	♀	☼	⬚	■ RGB:46,	连续	0.09
11		CILINGH_AR	天花基层	♀	☼	⬚	□ RGB:244	连续	0.40
12		DIM	尺寸标注	♀	☼	⬚	■ RGB:0,1	连续	0.05
13		FLOOR	地面装饰层	♀	☼	⬚	□ RGB:189	连续	0.20
14		FLOOR_AR	地面基层	♀	☼	⬚	■ RGB:176	连续	0.40
15		FLOOR_DIM	地面放线	♀	☼	⬚	■ RGB:0,1	连续	0.09
16		FLOOR_FUR	地面活动家私	♀	☼	⬚	□ RGB:255	连续	0.05
17		FLOOR_PT	地面末端点位	♀	☼	⬚	■ RGB:0,2	连续	0.09
18		FLOOR_TEXT	地面材质名称	♀	☼	⬚	■ RGB:46,	连续	0.09
19		FUR_NO	平面家具编号	♀	☼	⬚	■ RGB:46,	连续	0.09
20		FUR_TEXT	平面家具名称	♀	☼	⬚	■ RGB:46,	连续	0.09
21		HATCH PATTERN	填充图案	♀	☼	⬚	■ RGB:84,	连续	0.05
22		INDEX	索引图框	♀	☼	⬚	□ RGB:255	连续	0.20
23		SILHOUETTE LINE	图形外轮廓线	♀	☼	⬚	■ RGB:0,0	连续	0.30
24		TEXT	文字	♀	☼	⬚	■ RGB:46,	连续	0.09
25		WALL	墙面装饰层	♀	☼	⬚	■ RGB:255	连续	0.20

图 5-3　建立通用全状态图层

图 5-4　设置图层状态

3. BIM 属性样板

BIM 属性主要是赋予模型构件。对模型构件分类设置不同属性，可以方便后期计量及统计相关属性。具体 BIM 属性的设置规则可参考《建筑装饰装修工程 BIM 实施标准》（T/CBDA 3—2016）。BIM 属性设置步骤如下。

BIM 属性样板

① 在 BricsCAD 软件的 BIM 属性面板，通过设置、属性、值等按钮来添加属性，如图 5-5 所示。

②把自定义的 BIM 属性赋予模型构件，如图 5-6 所示。

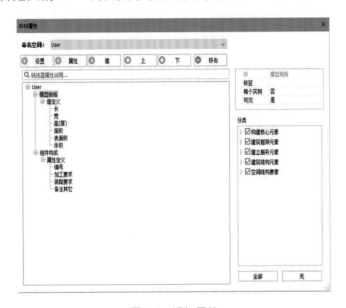

图 5-5　添加属性

4. 出量设置样板

使用 BIM 模型出量，是一个较为复杂的过程，很难做到所有构件通用一套模板，一键出量。通常情况下，构件类型或几何属性不同，出量设置也会不同。因此，本书讨论的是一种出量设置的通用方法，不同的企业或个人可根据自身企业标准，制定模型建立的标准，从而达到一套出量模板全项目通用的目的。出量设置步骤如下。

出量设置样板

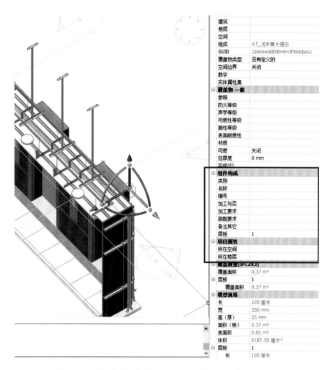

图 5-6　将自定义的 BIM 属性赋予模型构件

① 通过 BIM 项目浏览器中的文件选项卡，可新建计划表，如图 5-7 所示。

图 5-7　新建计划表

② 通过修改表格样式，插入适合项目的表格样式，如图 5-8 所示。

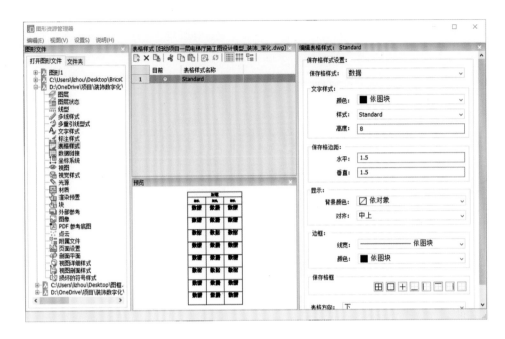

图 5-8　插入表格样式

5. 出图设置样板

出图设置涉及的操作相对较多，以下列举相对重要的出图设置内容，具体包括线宽打印设置、打印样式设置、图框设置、尺寸标注样式设置、文字样式设置。

出图设置样板

① 线宽打印设置。线宽打印设置根据国家相关标准和企业自定义标准（附表 3）在图层中进行线型、线宽及颜色的设置，根据企业自定义标准设置图层，图层设置完成后另存为模板即可。

② 打印样式设置如图 5-9 所示。

③ 图框设置如图 5-10 所示。

④ 尺寸标注样式设置如图 5-11 所示。

⑤ 文字样式设置如图 5-12 所示。

图 5-9　打印样式设置

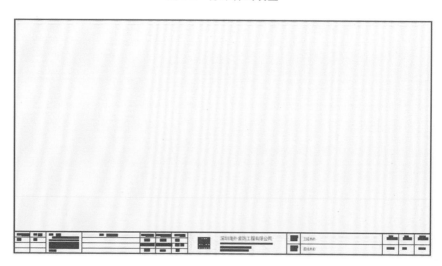

图 5-10　图框设置

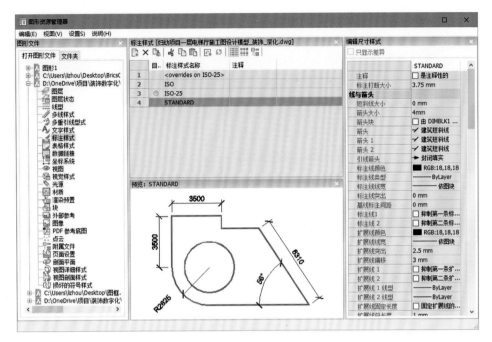

图 5-11　尺寸标注样式设置

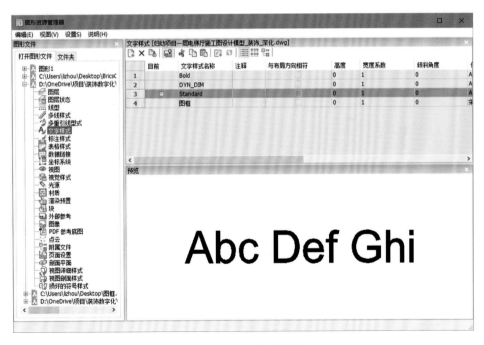

图 5-12　文字样式设置

6. 绘图界面设置样板

绘图界面设置的目的：针对不同的工作流程、工作环境，精简相应的工作界面，在满足相应绘图需求的条件下，极大地降低入门难度，并提高绘图效率。绘图界面设置具体包括工作区界面设置和快捷命令设置。

绘图界面
设置样板

① 工作区界面设置如图 5-13 所示。

② 快捷命令设置如图 5-14 所示。

图 5-13　工作区界面设置

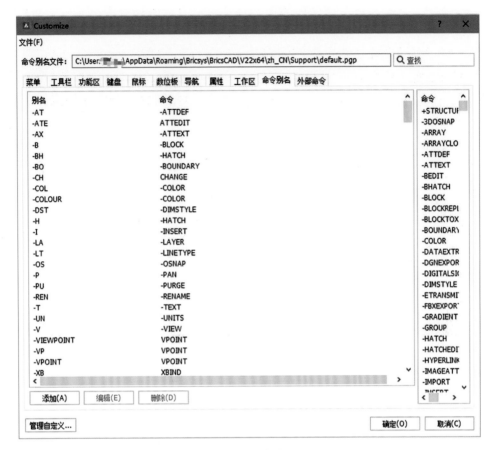

图 5-14　快捷命令设置

5.3　材质库定制

5.3.1　材质库概述

BricsCAD 中材质根据信息模型要求可以分为渲染材质和物理材质。

(1) 渲染材质。

渲染材质即信息模型在可视化方面的表现材质，在虚拟中模拟物体真实的物理性质，如颜色、反光性、透明性等。渲染材质通常只具备渲染的基本属性，包括名称、贴图以及渲染相关参数，可以按照室内装饰常用材质类型进行分类。

（2）物理材质。

这里的物理材质并非计算机动画行业的物理材质，而是具有参数化信息的材质属性。物理材质包括识别、外观和属性等。物理材质可以反映构造的剖面、标高等图面信息，也可反映密度、比热容、导热系数等物理信息，还可反映厚度等 BIM 信息。物理材质可以作为构造组成的基础元素。

5.3.2　材质库文件分类归档规则

1. 材质库文件分类要求

材质库文件归档说明：渲染材质主要以贴图的形式进行分类归档，根据渲染软件的不同，还可使用 PBR 材质（physically-based rendering，基于物理渲染的材质）的形式进行存储。物理材质库主要存储材质的物理信息，所以一般是单个材质库文件，根据所使用的 BIM 软件不同，格式略有区别。

通用材质：按照材质类别，预制一部分符合要求的材质，可以直接使用，也可以在此基础上针对项目要求修改补充，快速制作新的材质。

材质库文件分类表见附表 4。

2. 材质贴图要求

贴图纹理制作要求：面向一般项目和通常情况下用公共纹理贴图，也可根据项目需要和实际情况制作项目纹理贴图。

考虑到模型优化以及效果表现要求，贴图尺寸不宜超过 1024 dpi× 1024 dpi，也不宜小于 64 dpi×64 dpi，贴图纹理宜使用常用图片格式，如 JPG、PNG、BMP 等。对于支持 PBR 材质的数字化设计平台，贴图制作应干净、清晰，与现实相符。

根据可视化表现需要，贴图纹理宜包括漫反射贴图、凹凸贴图、反射贴图、高光贴图、粗糙度贴图等。

材质贴图命名要求：材质名及材质编号：贴图种类。例：巴西紫檀 01：diffuse. png。

3. 物理材质属性要求

（1）识别。识别用于区分物理材质的基本描述信息。识别内容包括名称（材质名称或编号）、类（物理材质种类，包括土壤、塑料、木材、气体、水泥、涂料、液体、玻璃、石材、砖石、纺织品、陶瓷和通用类别）、描述（对该物理材质的简单描述）。

物理材质命名要求：代码 _ 型号规格。例：WO _ 橡木板。表 5-2 为物理材质命名参考表。

表 5-2　物理材质命名参考表

序号	名称	英文	代码
1	钢材	steel products	SP
2	木材	wood	WO
3	水泥	cement	CN
4	砂石	sand stone	SS
5	砂浆	mortar	MO
6	混凝土	concrete	CO
7	砌块	block	BL
8	天然石材	natural stone	NT
9	人造石材	artificial stone	AT
10	瓷砖	ceramic tile	CT
11	马赛克	mosaic	MO
12	地毯	carpet	CA
13	木地板	wood floor	WF
14	橡胶地板	rubber floor	RF
15	架空地板	elevated floor	EF
16	石膏板	gypsum board	GB
17	硅钙板	silicate calcium board	SB
18	矿棉板	mineral board	MB
19	岩棉板	rock board	RB
20	木夹板	wood board	WB

序号	名称	英文	代码
21	金属板	metal board	MP
22	塑料板	plastic board	PP
23	防火板	fireproof board	FB
24	玻璃	glass	GL
25	镜子	mirror	MI
26	水溶性涂料	water coatings	WC
27	溶剂性涂料	solvent coating	SC
28	美术涂料	art coating	AC
29	防水涂料	waterproof paint	WP
30	防火涂料	fireproof paint	FP
31	环氧树脂	epoxy resin	ER
32	墙纸	wall paper	WP
33	软包	soft roll	SR
34	贴膜	film	FI
35	布艺	fabric art	FA

（2）外观。外观即物理材质的可视化信息，包括剖面及标高的材质填充和3D视图的贴图材质信息。

（3）属性。属性是物理材质的核心要素，其包含较为详细的物理信息和BIM信息，也可进行自定义。

5.3.3 材质库定制及调用

1. 渲染材质库制作及调用

（1）渲染材质库制作。

① 打开图形资源管理器（快捷指令"materials"）。

② 新建材质。

③ 根据渲染要求，调整渲染参数，如图5-15所示。

渲染材质库
制作及调用

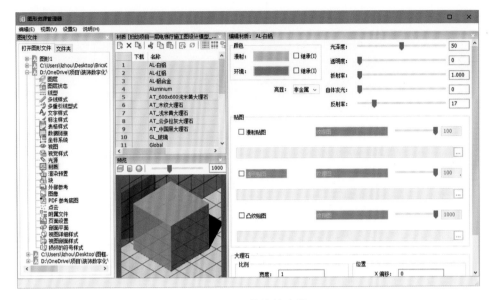

图 5-15　调整渲染参数

④ 右键菜单中选择"添加材质至数据库"命令（可选，为后续制作物理材质做准备），如图 5-16 所示。

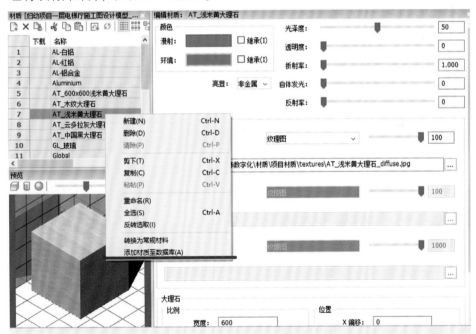

图 5-16　添加材质至数据库

⑤ 将渲染材质文件按照材质库文件归档规则存档。

说明：渲染材质库制作时，宜根据材质特性及附表 5 三级目录中的分类先制作基础渲染材质库，后期在制作新材质时，可以根据分类在基础渲染材质的基础上修改参数或贴图。

（2）渲染材质库调用。

① 在设置中修改默认的材质库链接为定制材质库位置，如图 5-17 所示。

② 对于已有材质，可以在渲染材料面板中选择材质并赋予模型，如图 5-18 所示。

图 5-17　修改默认材质库链接　　　　图 5-18　选择材质并赋予模型

③ 对于特殊材质，可以根据项目需要，在基础渲染材质的基础上修改参数或贴图，再进行调用。

2. 物理材质库制作及调用

（1）物理材质库制作。

① 打开物理材质编辑窗口（快捷键"blmaterials"），如图 5-19 所示。

② 根据项目要求在识别栏中修改材质名称、类，并添加简单描述，如图 5-20 所示。

物理材质库
制作及调用

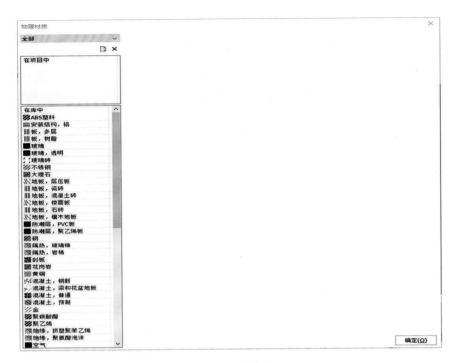

图 5-19 打开物理材质编辑窗口

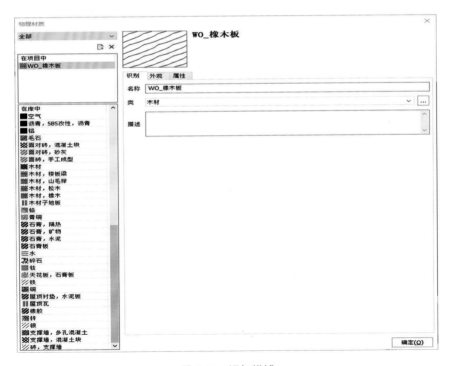

图 5-20 添加描述

③ 根据材质特性修改剖面、标高及材质的 3D 表现（从已添加至数据库的材质中选择），如图 5-21 所示。

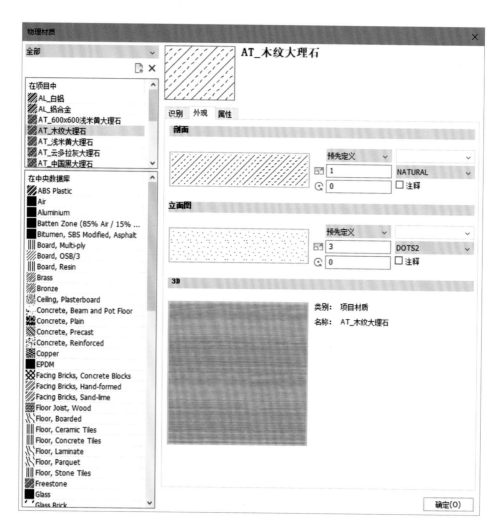

图 5-21　修改剖面、标高及材质的 3D 表现

④ 根据项目需要修改属性信息，如图 5-22 所示。

⑤ 导出模板文件，并按照材质库文件归档规则进行存储，如图 5-23、图 5-24 所示。

图 5-22　修改属性信息

图 5-23　导出模板文件

图 5-24　归档存储

（2）物理材质的调用。

① 通过项目信息的方式导入已做好的材质库，以后可从 BricsCAD 的物理材质库中直接选择。

② 从材质库中选择模板材质，并根据项目需要进行修改。

5.4　构造库定制

5.4.1　构造库概述

BricsCAD 中的构造库是由构件库中的零件组合而成的。定制构造库相当于模型节点构造的准备过程，并且构造库的要素大部分为通用节点或者构件，新手可通过直接选择并调用合适的节点构造来帮助自己快速建模，省略了构造节点识图、建模的过程，也使所建模型更规范。

5.4.2 构造库文件分类归档规则

1. 构造库文件分类

构造库文件分类表见附表 5。

2. 构造库文件命名

各细部构造都可能包含可传播三维构造节点、不可传播三维构造节点、构造组成、二维构造节点等，因此，构造库文件命名可给各类节点编号，可参考如下编号形式。

00：可传播三维构造节点。

01：不可传播三维构造节点。

10：构造组成。

20：二维构造节点。

3. 构造节点几何要求

（1）几何精度要求。

几何精度是制定装配工艺措施的主要依据。它决定零部件的弃取、装配质量以及装配成本。

G3 几何表达精度是指满足建造安装、采购等精细识别需求的几何表达精度。构造库里的构件应满足 G3 几何表达精度。

各构件所需达到的 G3 几何表达精度应参考规范《建筑工程设计信息模型制图标准》（JGJ/T 448—2018）附录 A。

（2）最简几何原则。

最简几何原则即一些构造节点在二维图纸中已经达到最简，遇到相似节点时，可以通过镜像、复制、粘贴等操作来完成构造节点的建模。

4. 构造节点属性要求

每一个构造节点的属性都由三大部分组成：名称、工序、重点说明。名称即属于什么类型的构造节点。工序即该构造节点的施工工序、步骤等。重点说明即该构造节点施工时的注意事项、必须满足的规范要求，或者节点的规格、型号、要求等。

下面以石材饰面的细部构造——石材干挂法施工为例，说明构造节点的属性要求。

（1）工序：准备工作（石材背网铲除、石材六面防护、刮石材黏结剂一遍、检查排版安装图）→放控制线→石材排版放线→预排石材（检查编号）→打膨胀螺栓→安装钢骨架→安装调节片→石材开槽→石材养护→石材安装→石材填缝处理。

（2）重点说明：所有型钢规格应符合国家标准，做镀锌处理，焊接部位做防锈处理。不锈钢石材挂件应采用 202 号以上钢材，沿海项目应采用 304 号钢连接配件。石材厚度应在 20 mm 以上。高度在 2500 mm 以内的墙体，竖向应采用 5 号槽钢，横向采用 40 mm×40 mm 角钢，间距根据石材的横缝排版确定；高度在 2500 mm 以上的墙体，竖向应采用 8 号槽钢，横向采用 50 mm×50 mm 角钢，间距根据石材的横缝排版确定。构造图如图 5-25 所示。

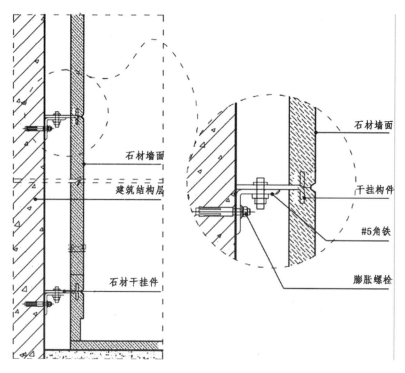

图 5-25　构造图

5.4.3　构造库定制及调用

1. 不可传播三维构造节点制作及调用

复杂构造节点因节点层次或节点组成较为复杂，相对于可传播构造节点复用率较低，因此读者可根据实际情况创建复杂构造节点。

成品门套做法复杂，且规格相比其他构造节点难以统一，因此本小节选择消防箱体前的门套作为复杂构造节点，如图 5-26 所示。其制作及调用流程如下。

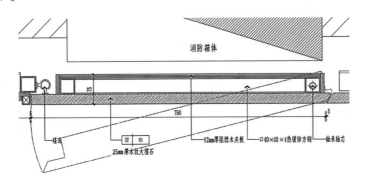

图 5-26　门套构造节点图

① 按规范图集建立模型，并创建块，如图 5-27 所示。

图 5-27　创建块

② 作为构造节点保存入库，如图 5-28 所示。

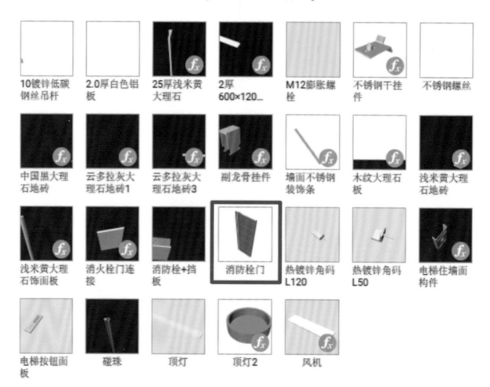

图 5-28　构造入库

③ 进入节点库，点击目标，即可节点调用，如图 5-29 所示。

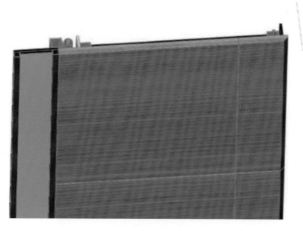

图 5-29　节点调用

2. 可传播三维构造节点制作及调用

可传播三维构造
节点制作及调用

本小节选取电梯厅门套构造节点作为可传播构造节点。该构造节点较为规整，节点组成较为清晰，有利于节点传播，如图 5-30、图 5-31 所示。其制作及调用流程如下。

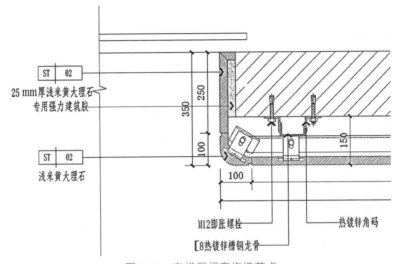

图 5-30　电梯厅门套构造节点

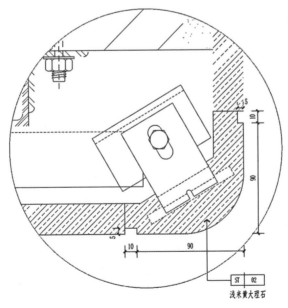

图 5-31　电梯厅门套构造节点放大图

① 按照图集标准创建构造节点，并赋予材质组成，如图 5-32 所示。
② 保存入库，按构造节点类别命名分类，如图 5-33 所示。

图 5-32 创建构造节点   图 5-33 入库分类

③ 找出该构造节点，点击"传播"按钮，如图 5-34 所示。

图 5-34 构造节点传播

3. 二维构造节点制作及调用

二维构造节点是指二维 DWG 格式的构造节点图。将常用的二维构造节点保存入库，在设计时若遇到相似的构造节点，可以直接调用。

4. 构造组成制作及调用

① 收集可复用的构造组成，如图 5-35 所示。

② 以石材地面为例，如图 5-36 所示。

③ 新建构造组成，并赋予厚度，如图 5-37 所示。

④ 保存入库，方便下次调用。

材质组成制作
及调用

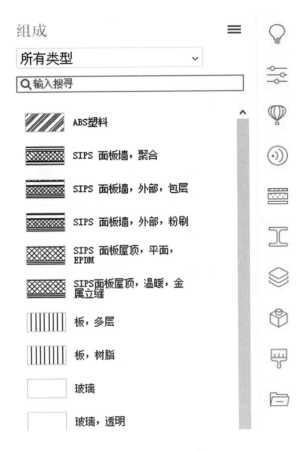

图 5-35　BIM 组成

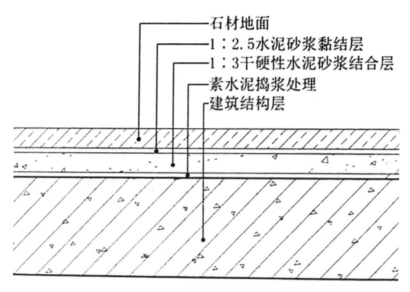

图 5-36　室内普通楼地面石材剖面图

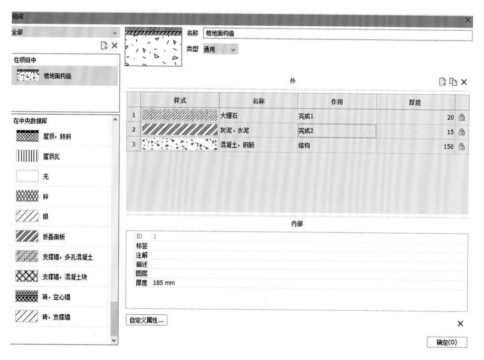

图 5-37　新建构造组成

5.5　构件库定制

5.5.1　构件库概述

装饰建筑行业所说的构件即 BIM 构件。BIM 构件可以看作在多个模型中重复使用的个体图元。定制构件库可以提高装饰行业建模出图效率，并使团队协作建模更加标准化。

5.5.2　构件库文件分类归档规则

1. 构件库文档分类

为便于构件的归类及调用，对装饰构件库进行分类。构件库文件分类表见附表 6。其中构件文件命名与构件 BIM 命名一致。

2. 构件 BIM 分类

构件的 BIM 分类不同于文件分类，文件分类是为了方便设计人员快速取用，因此文件分类系统很大程度上与设计师的习惯相匹配，但是与设计师习惯相匹配的分类标准却不能很好地被计算机语言识别，基于此便出现了 IFC 分类标准。BricsCAD IFC 分类表见附表 7。

3. 构件精度要求

项目不同阶段、对构件的几何精度要求是不同的。《建筑装饰装修工程 BIM 实施标准》（T/CBDA 3—2016）将模型细度分为五个等级，见附表 8。

模型细度要求见表 5-3。

表 5-3　模型细度要求

序号	模型元素名称	方案设计模型	施工图设计模型	深化设计模型	施工过程模型	竣工交付模型	运营维护模型
1	地基与基础	LOD200	LOD300	LOD300	LOD400	LOD500	LOD500
2	主体结构	LOD200	LOD300	LOD300	LOD400	LOD500	LOD500
3	建筑地面	LOD200	LOD300	LOD300	LOD400	LOD500	LOD500
4	抹灰	LOD200	LOD300	LOD300	LOD400	LOD500	LOD500
5	外墙防水	LOD200	LOD300	LOD300	LOD400	LOD500	LOD500
6	门窗	LOD200	LOD300	LOD300	LOD400	LOD500	LOD500
7	吊顶	LOD200	LOD300	LOD300	LOD400	LOD500	LOD500
8	轻质隔墙	LOD200	LOD300	LOD300	LOD400	LOD500	LOD500
9	饰面板	LOD200	LOD300	LOD300	LOD400	LOD500	LOD500
10	饰面砖	LOD200	LOD300	LOD300	LOD400	LOD500	LOD500
11	幕墙	LOD200	LOD300	LOD300	LOD400	LOD500	LOD500
12	涂饰	LOD200	LOD300	LOD300	LOD400	LOD500	LOD500
13	裱糊与软包	LOD200	LOD300	LOD300	LOD400	LOD500	LOD500
14	细部	LOD200	LOD300	LOD300	LOD400	LOD500	LOD500
15	屋面	LOD200	LOD300	LOD300	LOD400	LOD500	LOD500
16	给排水及供暖	LOD200	LOD300	LOD300	LOD400	LOD500	LOD500
17	通风与空调	LOD200	LOD300	LOD300	LOD400	LOD500	LOD500
18	建筑电气	LOD200	LOD300	LOD300	LOD400	LOD500	LOD500
19	智能建筑	LOD200	LOD300	LOD300	LOD400	LOD500	LOD500
20	建筑节能	LOD200	LOD300	LOD300	LOD400	LOD500	LOD500
21	电梯	LOD200	LOD300	LOD300	LOD400	LOD500	LOD500

4. 构件属性要求

（1）命名规则。

构件宜按照建筑工程分部分项工程划分的原则进行命名，以便统计工程量。

构件名由两部分组成，第一部分为构件类别，第二部分为类别名称及编号，通用格式为"构件类别 _ 类别名称及编号"。其中，构件类别及类别名称可参考附表 6。

以图 5-38 所示的灯具为例，该灯具的 BIM 命名为"灯具 _ 落地灯 01"。

（2）编码规则。

对于块材类构件，因其有安装图、下料图等需求，不宜采用 BIM 名称进行区分，宜按照材料类别进行模型材料编码，并按照英语单词或词组进行字母组合缩写，便于编码标注与检索。

块材类构件的编码由三部分组成，分别为材料编码、型号规格以及编号，其编码通用格式为"材料编码 _ 型号规格 _ 编号"。

其中模型材料编码表应在工程项目设计总说明中进行定义和明确，并具有唯一性，不应发生重叠或错漏；当某类材料在同一项目有不同的品种、规格、型号、花色或做法时，应采用 2 位数字编号进行区分，如：LK _ C75 _ 02 可表示为 C75 系列轻钢龙骨隔墙的第二种做法。

图 5-38　灯具

以上编码规则并不绝对，对于类似于墙面板类的加工构件，可直接采用"材料编码 _ 编号"的规则进行简化编码，例如"AT _ 01"代表"600 mm×600 mm 木纹大理石饰面板"，"AT _ 02"则代表"1800 mm×600 mm 木纹大理石饰面板"，其型号规格与编号的对应关系应在设计总说明中列出。

（3）详细属性要求。

详细属性要求应包含附表 9 所列的几个部分。

5.5.3　构件库定制及调用

1. 构件制作流程

构件制作流程见图 5-39。

图 5-39　构件制作流程

（1）定制环境及模板。

① 加载模板文件，以导入图层及属性设置，如图 5-40、图 5-41 所示。

构件制作及调用

图 5-40　加载模板文件

② 链接渲染材质库，如图 5-42、图 5-43 所示。

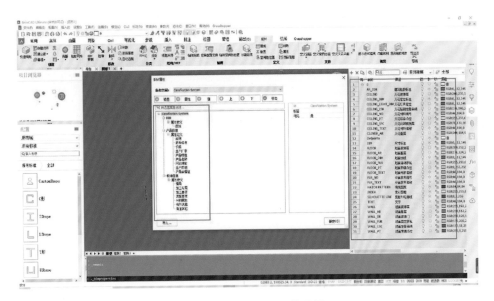

图 5-41　导入图层及属性设置

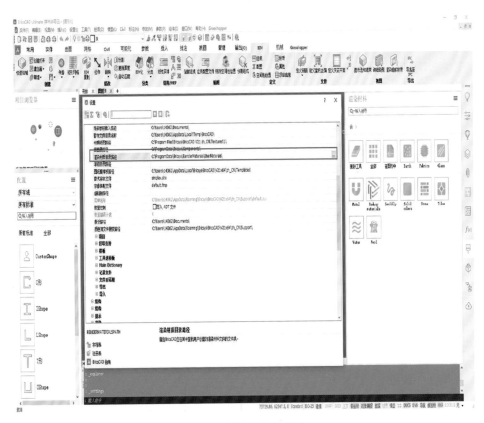

图 5-42　链接渲染材质库 1

图 5-43　链接渲染材质库 2

③ 导入组成库，如图 5-44、图 5-45 所示。

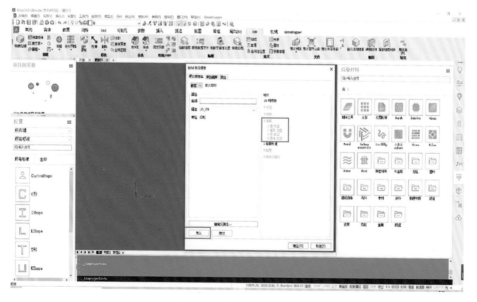

图 5-44　导入组成库 1

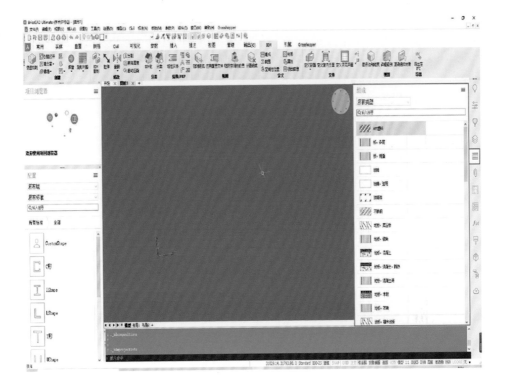

图 5-45　导入组成库 2

（2）构件几何建模。

① 内建模型：在 BricsCAD 中完成模型构建，如图 5-46 所示。

② 导入 Revit 构件：Revit 构件格式为 RFA，因 BricsCAD 对 Revit 模型具有良好的兼容性，Revit 构件导入后仍会包含 BIM 信息，如图 5-47、图 5-48 所示。

③ 导入普通模型：以 Rhino 模型为例，如图 5-49 所示。

④ 构件参数化，如图 5-50、图 5-51 所示。

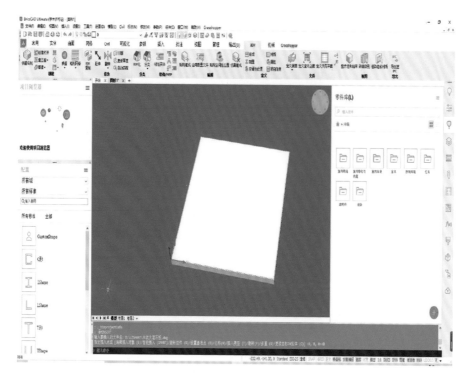

图 5-46 在 BricsCAD 中建模

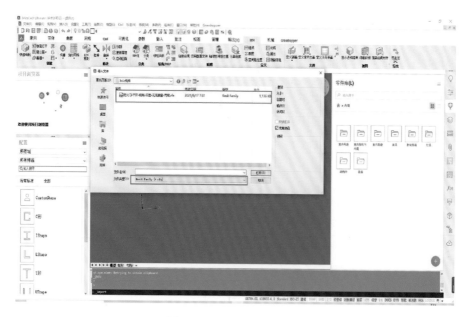

图 5-47 导入 Revit 构件 1

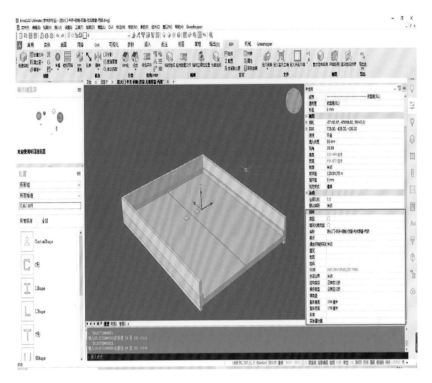

图 5-48　导入 Revit 构件 2

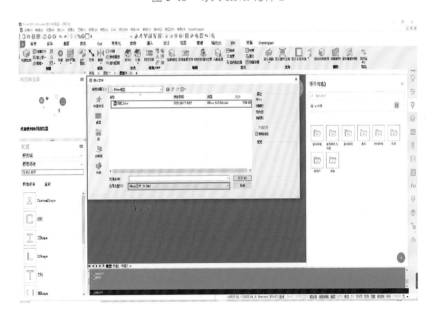

图 5-49　导入普通模型

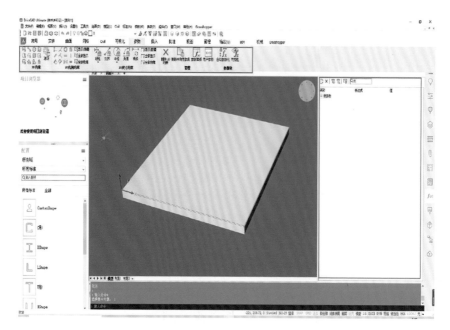

图 5-50　构件参数化 1

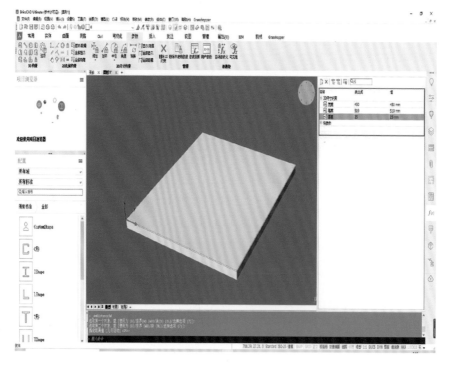

图 5-51　构件参数化 2

（3）构件属性赋予。

① 赋予 BIM 属性，如图 5-52 所示。

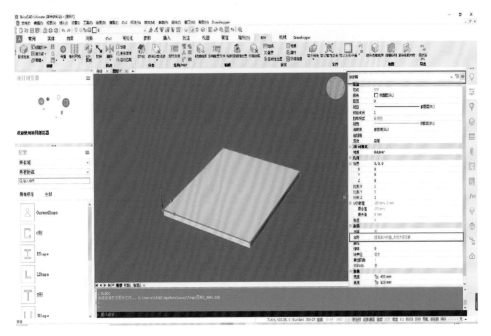

图 5-52　赋予 BIM 属性

② 赋予图层属性，如图 5-53 所示。

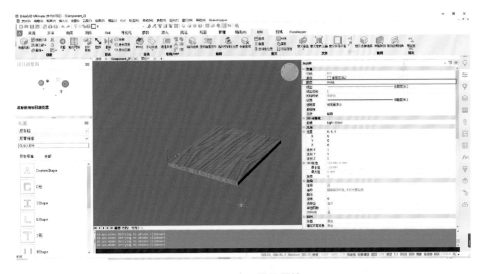

图 5-53　赋予图层属性

③ 赋予材质属性，如图 5-54 所示。

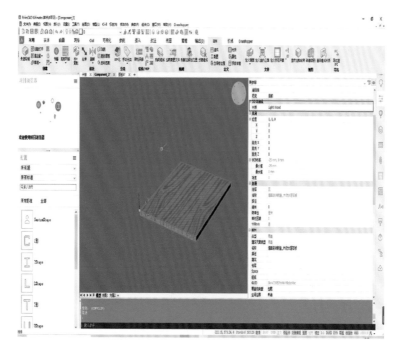

图 5-54　赋予材质属性

④ 赋予组成属性，如图 5-55 所示。

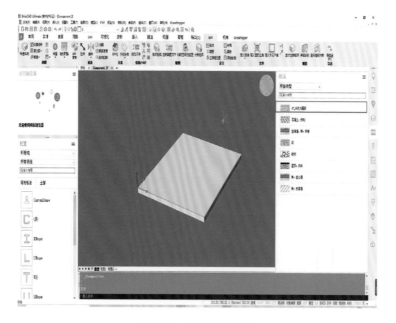

图 5-55　赋予组成属性

（4）构件入库。

① 直接入库，如图 5-56 所示。

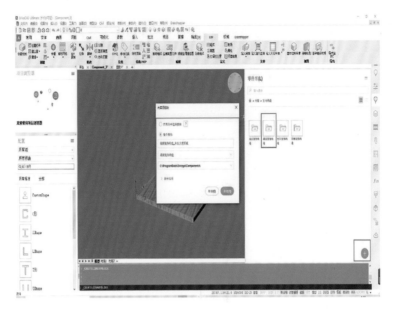

图 5-56　直接入库

② 导入构件文件，如图 5-57 所示。

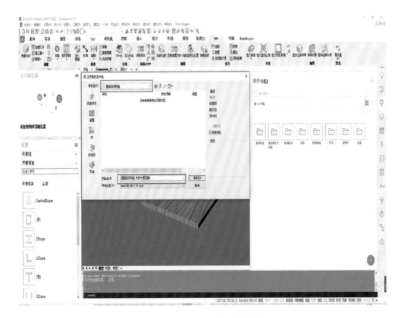

图 5-57　导入构件文件

2. 构件调用

（1）构件直接调用。

① 直接将构件拖放到模型空间对应位置，如图 5-58 所示。

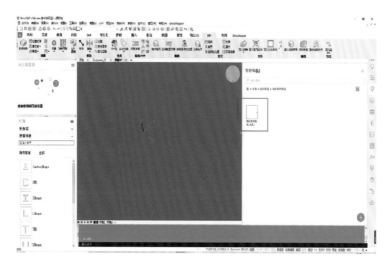

图 5-58　构件直接调用

② 对构件进行炸开操作（explode），因构件入库后会转化为块参照，只有将块炸开，才能显示其被赋予的 BIM 属性。

（2）构件替换。

方法 1：用组件替换，如图 5-59 所示。

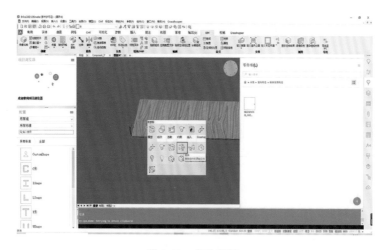

图 5-59　组件替换

方法 2：用 blockreplace 命令替换。

5.5.4 轮廓库

对于一般构件，它们具备相同的截面轮廓，为了节省计算机资源，同时也为了提高建模的灵活性，常把该类构件的截面轮廓单独保存，轮廓库则是存储该类构件截面轮廓的文件系统。

1. 现有 BricsCAD 轮廓库介绍

BricsCAD 中内置了一套较为完善的轮廓库系统，其中有不同的轮廓标准，以及轮廓种类形态。不同国家和地区的参照标准见表 5-4。

表 5-4 不同国家和地区的参照标准

国家	标准
美国	AISC
澳大利亚	AS
英国	BS
德国	GOST
日本	JIS
欧盟	EURO

2. 基于 BricsCAD 的轮廓库制作流程

① 配置截面轮廓，如图 5-60 所示。
② 存储截面轮廓，如图 5-61 所示。

轮廓库制作
及调用

3. 基于 BricsCAD 的轮廓库的复用

BricsCAD 中轮廓的载入同样是依赖于项目数据库，如图 5-62 所示。

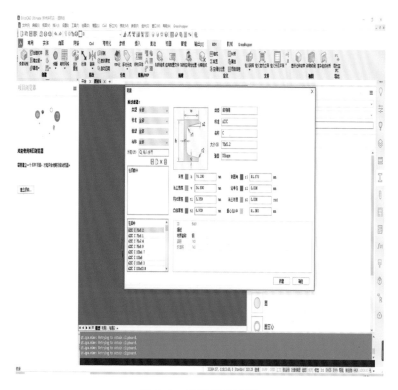

图 5-60　配置截面轮廓

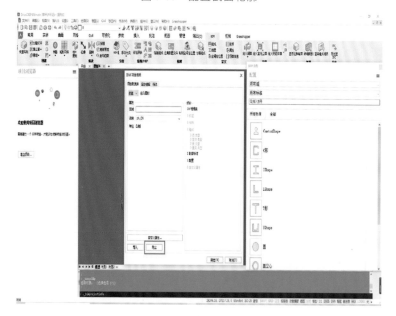

图 5-61　存储截面轮廓

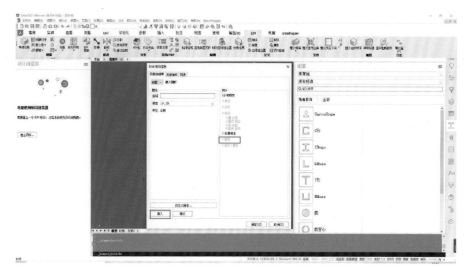

图 5-62　轮廓库的复用

5.6　脚本库定制

5.6.1　脚本库概述

在广义上，脚本（script）是一系列预演动作的规则，如电影脚本、动画脚本等。在狭义上，站在编程的角度，脚本是指使用一种特定的描述性语言，依据一定的格式编写的可执行文件。脚本又可分为可视化脚本和非可视化脚本，可视化脚本包括 Grasshopper 脚本、Dynamo 脚本、UE4 蓝图脚本等，非可视化脚本包括 Python 脚本、VB 脚本、C♯脚本等。而在一些软件中，脚本是介于插件和命令之间的存在。

在 BricsCAD 中只讨论 Grasshopper 脚本与 BricsCAD RecScript 脚本的定制。

5.6.2　脚本库文件分类归档规则

脚本库文件分类归档规则见表 5-5。

表 5-5　脚本库文件分类归档规则

脚本 涉及内容	命名规则	用途
建模	MO_用途	快速建某个构件、快速定位某个构件等
规范	SP_用途	导入标准图层、标准出图模板
设置	SE_用途	修改界面颜色、修改选择属性

脚本文件命名规则：日期：作者：用途。如：2022.5.21：张三：界面颜色更改。

5.6.3　脚本库定制及调用

1. BricsCAD RecScript 脚本制作及调用

BricsCAD 提供了三种方式进行绘图操作：菜单、工具栏命令按钮、命令行输入命令。无论选用哪种方式操作，都将是逐条输入命令来完成图形的绘制。利用脚本文件可以自动地批量执行一系列的命令，可以实现自动化绘图，而且脚本文件也是 BricsCAD 与其他高级语言进行图形转换的主要中介格式。目前可以通过一些接口与 Python 以及 Grasshopper 联动，来编写脚本。

**BricsCAD
RecScript**
脚本制作
及调用

（1）脚本制作。

① 录制脚本，给脚本文件命名（图 5-63），输入指令（图 5-64）。

a. 按规则给脚本文件命名。

b. 在命令栏输入命令（注意：脚本文件只能记录键盘输入的命令）。

② 操作完成后，点击暂停录制，脚本则自动存储完毕（图 5-65）。

（2）调用脚本。

点击运行脚本，即可重复之前操作（图 5-66）。

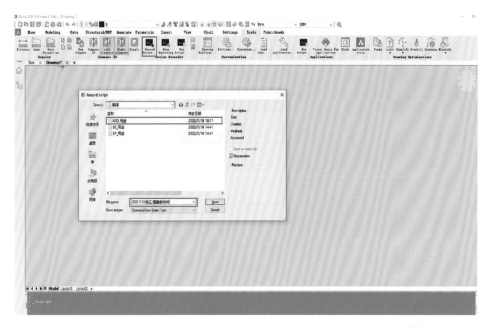

图 5-63　录制脚本，给脚本文件命名

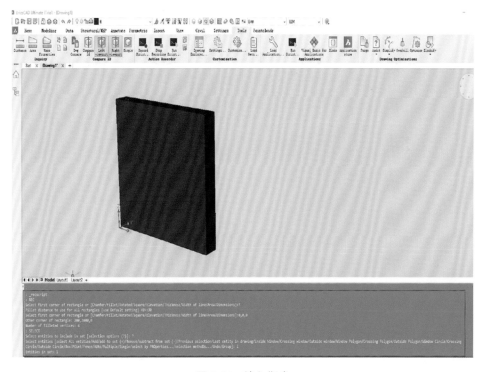

图 5-64　输入指令

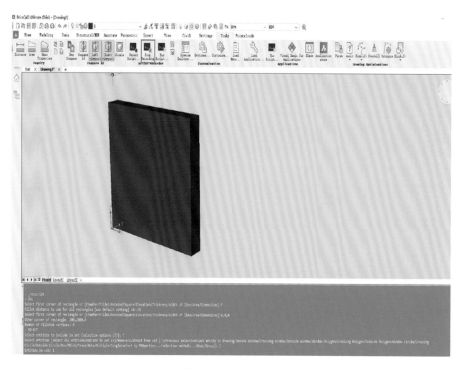

图 5-65　存储脚本

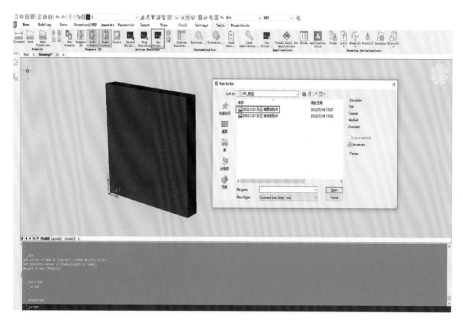

图 5-66　复用脚本

2. Grasshopper 脚本制作及调用

通过转化接口与 Grasshopper 联动来编写脚本，如图 5-67 所示。

Grasshopper
脚本制作
及调用

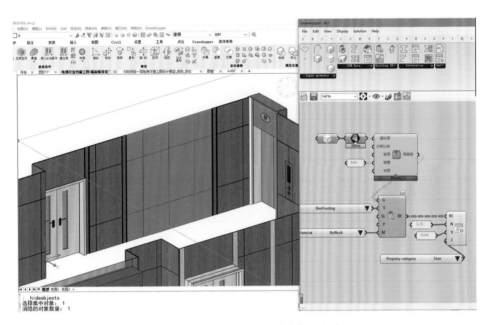

图 **5-67** 　与 **grasshopper** 联动编写脚本

06

BricsCAD 全流程
案例解析

演进式 BIM 解决方案是针对现有装饰工程设计流程（方案设计阶段、施工图设计阶段、深化设计阶段、竣工阶段），将模型作为各阶段的一级成果，将信息模型的应用作为二级或三级成果，并基于模型构建与模型的应用提出动态演进和 2D、3D、BIM 混合演进两大策略方针（具体内容参考本书第 2.5 节）。本章主要利用 BricsCAD 软件，以一个小型案例为例，进行演进式 BIM 解决方案的全流程实操，对其中关键步骤及操作进行讲解，并初步实现从方案设计到施工图深化设计的全流程正向迭代。

本章结合演进式 BIM 解决方案的要点以及 BricsCAD 软件的特性设计了一套针对常规装饰工程项目的工作流程。与演进式 BIM 解决方案划分的阶段不同，本章基于实际案例及软件特点，将装饰工程项目划分为四个阶段，即前期准备阶段、方案设计阶段、施工图阶段、施工图深化阶段，删减了竣工阶段。同时因为本章所述内容主要围绕 BricsCAD 软件展开，所以侧重于前三个阶段的讲解，第四个阶段因与实际项目施工现场联系紧密，更多涉及现场施工管理方面的内容，在本章仅作简要阐述。前三个阶段主要分为三个板块：阶段流程逻辑、阶段成果展示和 BricsCAD 软件实操。第四个阶段主要列举施工深化设计时常出现的问题，并针对此类问题展开讲解。

本章以某公共建筑入口电梯厅为例，将基于 BricsCAD 的全流程操作共分为四个阶段。

① 前期准备阶段。该阶段主要是为后续的装饰深化设计工作准备软件及文件等，使后续工作能够在特定的框架下顺利实施。

② 方案设计阶段。该阶段主要是设计装饰方案，围绕 BricsCAD 模型所产生的成果有方案模型、效果图以及方案图等。

③ 施工图阶段。该阶段是整个工作流程中的重点环节，主要涉及各专业协调，以及出图、出量等工作。

④ 施工图深化阶段。该阶段涉及的内容较多，本章只对特定场景及特定问题进行描述及解决，对其余部分不做过多描述。

基于 BricsCAD 的全流程框架逻辑图见图 6-1。

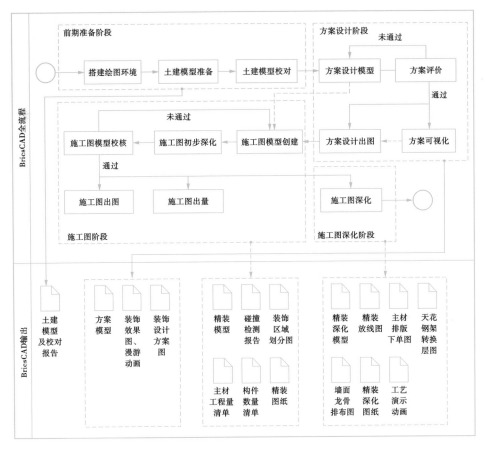

图 6-1　基于 BricsCAD 的全流程框架逻辑图

6.1　前期准备阶段

6.1.1　工具软件的组合与衔接

　　选择合适的工具软件是整个设计工作流程顺利进行的基础，但在具体工作时，无须拘泥于单一设计软件或特定形式，可采用多种工作方式和工具，快速、高效地完成各阶段工作任务。演进式 BIM 解决方案可选用的工具可参考本书第 2.5 节内容，此处不再赘述。

无论是使用单一工具软件还是组合使用多种工具软件，设计工作中协同合作都必不可少。下文提出两种不同模式的协同设计工具。

1. Bricsys 24/7 云协作平台

BricsCAD 软件提供的 Bricsys 24/7 云协作平台，可以实现设计、施工方面的有效合作，是一款适合所有项目通信的单一平台。其具体功能见表 6-1。

表 6-1　Bricsys 24/7 云协作平台功能

功能	具体内容
文档管理途径	项目文件管理、项目版本管理、基于标签的项目文件管理
用户与角色设置	不限数量，权限管理、审计报告管理
自动化工作流程	任务分派追踪，图形化工作流
BIM 模型管理器应用	BIM 数据共享平台

2. 自行搭建协同平台

除了 Bricsys 24/7 云协作平台，企业也可依据项目实际情况自行搭建协同平台与制定协作方式，可按照表 6-2 所列要点制定解决方案。

表 6-2　自行搭建协同平台要点

功能	要点
文件协同管理	协同方式：广域网（坚果云、微力同步）、局域网（群晖） 协同文件架构：《建筑装饰装修工程 BIM 实施标准》（T/CBDA 3—2016）附录 E 本地文件夹架构：作为协同文件夹备份，结构与其相同，定期同步 文件权限设置：通过账号等控制阅读、更改、打印、授权、解密等操作权限 文件共享要点：专人检查审批、专人跟踪管理
版本管理	文件名：应在前期进行统一规定，名称最好体现项目名称、空间部位、文件内容、文件阶段、文件类型等相关信息 数据交换与更新：超链接、保留记录 文件比较：利用软件自带的文件比较功能

功能	要点
消息管理	数据更新提醒：平台消息提醒 即时互动消息：采用常规沟通方式，如 QQ、微信
项目管理	可视化管理平台
层级拆分	各专业人员既可独立工作，文件互不干扰，又可便捷索引，相互交流

6.1.2　前期准备阶段流程逻辑

Revit、ArchiCAD 等 BIM 软件有较为完善的建模体系，内部框架经过多年实践也较为符合广大设计师的工作习惯，而 BricsCAD 是刚引进国内的新兴 BIM 软件，同时该软件在机械领域的应用相较于建筑工程领域更为成熟，因此其在建筑装饰设计方面所作的适配相对较少。为适配设计师的工作环境，同时针对本案例实际情况，本节内容主要分为三个板块：文件资料整理、搭建绘图环境和土建建模。前期准备阶段流程逻辑图见图 6-2。

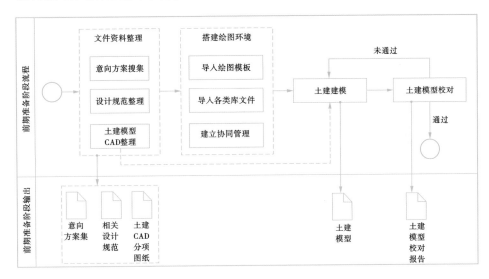

图 6-2　前期准备阶段流程逻辑图

6.1.3　前期准备阶段成果预览

前期准备阶段成果见图 6-3～图 6-5。

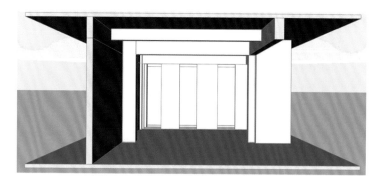

图 6-3   电梯厅土建模型剖面

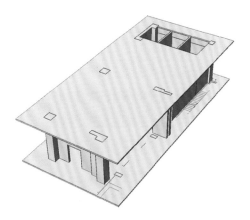

图 6-4   电梯厅土建模型

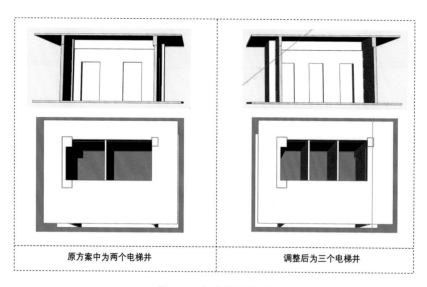

原方案中为两个电梯井　　　　　　　　　调整后为三个电梯井

图 6-5   土建模型校对

6.1.4　BricsCAD 软件实操

1. 搭建绘图环境

（1）导入绘图模板。

绘图模板文件为 DWT 格式，该模板文件中包含的信息有图层样板、物理材质、组成材质、预设轮廓以及自定义属性，如图 6-6 所示。

图 6-6　导入绘图模板

（2）导入各类库文件。

为确保项目组成员共享同一套构件库、材质库、详细库，可添加以上三项内容的库路径到共享文件夹相对应的位置，如图 6-7 所示。

（3）建立协同管理。

采用"链接模型"方式创建各专业的模型，BIM 工程师应当通过内部协同或外部协同与项目其他成员共享模型、相互参考。在特别重要的环节，应当对不同专业的模型进行协调，提前干涉并解决存在的问题，防止在施工阶段出现返工和工期延误。

① 模型协同。

由建筑、结构、通风、给排水、电气、装饰、幕墙等专业人员创建本专业模型，并对本专业模型内容负责，设计人员单独创建、修改、访问各专业的 BIM 成果。

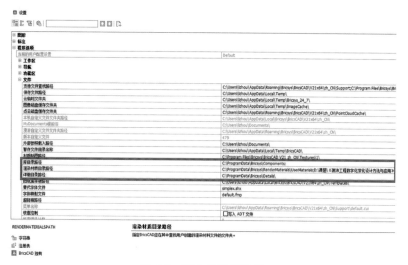

图 6-7　库文件路径设置

设计单位搭建设计服务器，所有设计成果保存在设计服务器中。在服务器的项目文件系统中，应当为各专业划分各自的文件位置，以便分别保存、更新 BIM 成果和进行多专业间的协同。当共享 BIM 成果有变更时，应及时通知项目各专业设计团队，方便迅速处理变更问题。专业间协同采用"链接模型"的方式，各专业可将 BIM 文件链接到本专业模型中，进行设计参考。其他设计分包单位的 BIM 设计成果经审核和确认后，上传到设计服务器的数据库并注明上传时间。

② 外部协同。

设计单位根据各阶段成果提交要求，按时间节点提交项目 BIM 设计成果，经 BIM 总协调方审核后汇总至项目管理平台，作为设计各阶段 BIM 成果文件。其他设计管理单位通过访问项目协同平台，对设计各阶段 BIM 成果文件进行审阅，反馈设计修改意见，通知设计单位进行修改。BIM 成果归档后，BIM 总协调方根据工作目标的要求，在项目协同平台提取 BIM 成果，分配到施工服务器。

③ 本案例协同配置。

本案例采用的增量同步手段为"微力同步"。为确保协同环境的一致性，对于共享文件夹的路径与文件名，项目组成员应设置一致，如"D：\ 课题 \《装饰工程数字化深化设计方法与应用》"，具体设置方法请查阅微力同步官方指导手册。

2. 土建建模

导入相应的图纸作为参考底图，进行土建建模。土建模型可在 BricsCAD 中建立，也可根据设计师需求，在其他三维软件中建立。本案例主要介绍在 BricsCAD 中建立土建模型的过程。

土建建模

① 建立下部结构板。

② 建立结构柱。

③ 建立结构梁（图 6-8）。

④ 建立间隔墙（图 6-9）。

⑤ 建立上部结构板（图 6-10）。

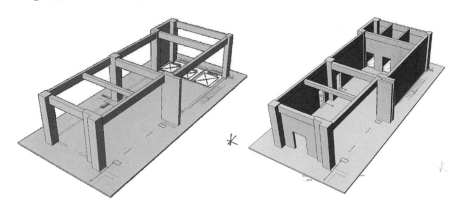

图 6-8　建立结构梁　　　　　　　　图 6-9　建立间隔墙

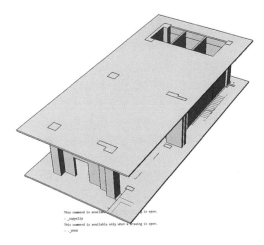

图 6-10　建立上部结构板

6.2　方案设计阶段

6.2.1　方案设计阶段流程逻辑

本节所涉及的工作内容主要分为四个板块。其中，前期方案设计及比选为设计初始阶段，该阶段不涉及软件的应用，主要是设计师确定其设计内容及风格。方案模型建模阶段借助 BricsCAD 将前一阶段的设计及想法转化为模型，并借由该模型生成相应的图纸以及可视化内容。方案设计阶段流程逻辑图见图 6-11。

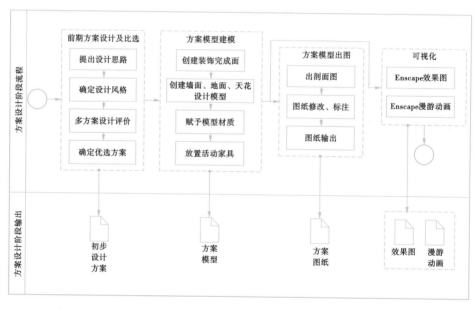

图 6-11　方案设计阶段流程逻辑图

6.2.2　方案设计阶段成果预览

方案设计阶段成果见图 6-12～图 6-14。

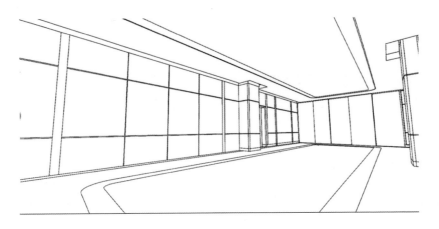

图 6-12 装饰设计方案图

图 6-13 方案模型

图 6-14 装饰效果图、漫游动画

6.2.3　前期方案设计及比选

前期方案设计是指在方案设计初期，根据项目的设计条件，结合相关资料，运用 2D 与 3D 相结合的手段，快速、完整地展现设计思路和要点。方案比选则是指结合参考意向、设计要求及土建模型，确定装饰类型、装饰风格、大致的块面效果、效果图等。设计师应准备多个方案进行比选，对装饰的总体方案进行初步的评价、优化，最终确定满足室内功能性及美观性要求的总体设计方案。

方案比选的主要目的是选出最佳的设计方案，为初步设计阶段提供相应的设计方案模型。基于 BIM 技术的方案设计是利用 BIM 软件，通过制作或局部调整形成多个备选的装饰设计方案模型，并进行比选，从而使项目方案的沟通、讨论、决策在可视化的三维场景下进行，实现项目设计方案决策的直观性和高效性。本案例的快速设计底图和初步设计图分别如图 6-15 和图 6-16 所示。

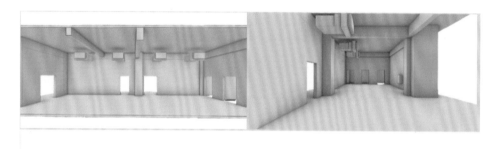

图 6-15　快速设计底图

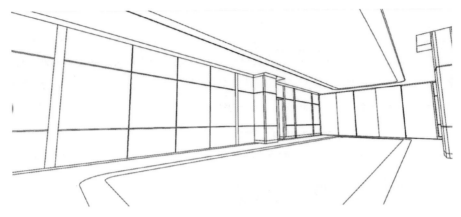

图 6-16　初步设计图

6.2.4　BricsCAD 软件实操

1. 方案模型建模

方案模型的作用是将设计师的想法及意图快速表现为模型实体，并通过该模型实体进行快速修改、迭代，为后续工作的开展打好基础，在此过程中，快速且准确地表达设计师的意图尤为重要。BricsCAD 软件因其灵活性和智能性而能满足上述要求。方案模型建模主要分为两个部分：其一为模型的建立；其二为材质的赋予。BricsCAD 软件在完全继承传统二维 CAD 特性的同时，也具备强大的三维功能，因此，在模型创建过程中，可选取从 2D 到 3D 的建模流程，也可选取 2D、3D 混合的建模流程。

方案模型
建模

方案模型建模步骤如下。

(1) 创建装饰完成面（图 6-17）。

(2) 创建墙面设计模型（图 6-18）。

(3) 创建地面设计模型（图 6-19）。

(4) 创建天花设计模型（图 6-20）。

(5) 赋予模型材质（图 6-21）。

(6) 布置室内家具。

其中，墙面、地面、天花设计模型的创建有几种不同的方式，设计师可以根据不同的设计习惯进行设计，这里主要介绍两种建模流程。

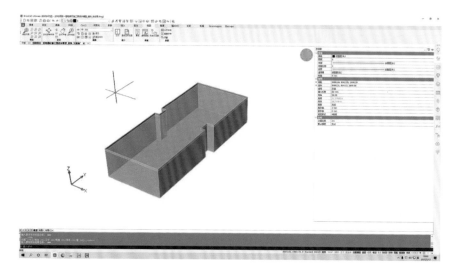

图 6-17　创建装饰完成面

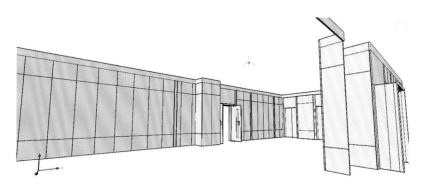

图 6-18　创建墙面设计模型

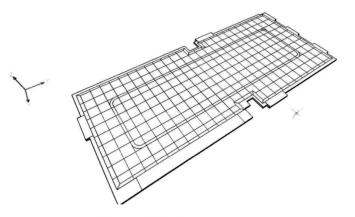

图 6-19　创建地面设计模型

装饰工程数字化设计与应用

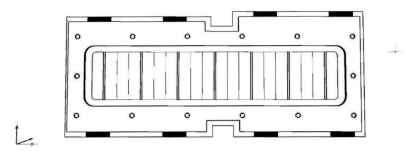

图 6-20　创建天花设计模型

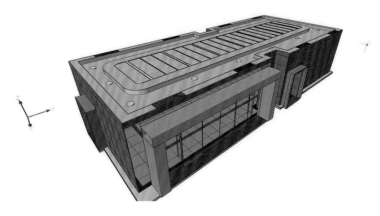

图 6-21　赋予模型材质

方法 1：从 2D 到 3D 的建模流程。

从 2D 到 3D 的建模流程就是先完成 2D 设计，然后将 2D 设计转化为 3D 模型。

方法 2：2D、3D 混合的建模流程。

2D、3D 混合的建模就是 2D、3D 同步交替进行设计的流程，一部分适于进行 2D 绘制的部分直接在 2D 环境中绘制，不适于进行 2D 绘制的部分直接进行 3D 设计。

2. 方案模型出图

方案设计阶段出图深度应符合编制初步设计文件的要求，且应符合方案审批或报批的要求。该规定仅适用于报批方案设计文件的编制深度。对于投标方案设计文件的编制深度，应执行住房和城乡建设部颁发的相关规定。

方案模型出图

方案模型出图步骤如下。

（1）在方案模型中创建出图剖面（图 6-22），生成剖面图（图 6-23）。

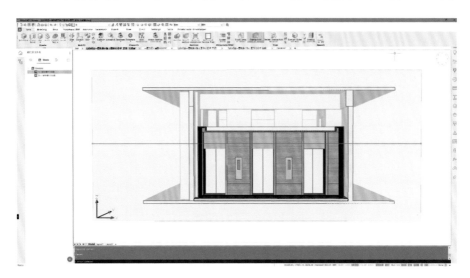

图 6-22　创建出图剖面

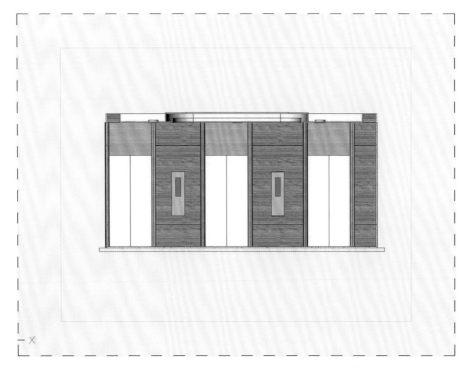

图 6-23　生成剖面图

(2) 图纸修改：对生成图纸进行修改，合理利用模型、布局以及二维工作区（图 6-24）。

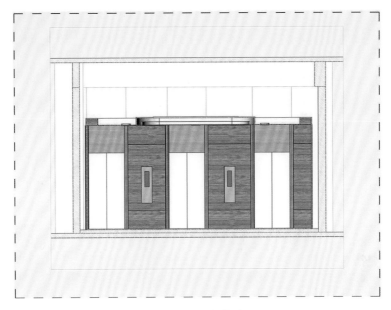

图 6-24　图纸修改

(3) 图纸标注：添加尺寸、注释、比例等（图 6-25）。

图 6-25　图纸标注

（4）图纸输出。

3. 可视化

BricsCAD 软件可导出各种格式的文件，如 DWG、3DM、FBX、DAE、IFC 等格式。在诸多通用格式的加持下，BricsCAD 软件的拓展性相对较高，同时因有丰富的第三方插件，BricsCAD 还可与 Lumion、Enscape 等优秀渲染软件高效互通。本小节以 Enscape 与 BricsCAD 为例讲解模型的可视化，希望能够为从业者提供一定的思路。

效果图、漫游动画的制作

模型可视化步骤如下。

（1）制作 Enscape 效果图（图 6-26）。

图 6-26　Enscape 效果图

（2）制作 Enscape 漫游动画。

6.3　施工图阶段

本章所说的施工图阶段处于工程施工之前，即施工前。

6.3.1 施工图阶段流程逻辑

施工图阶段流程逻辑图见图 6-27。

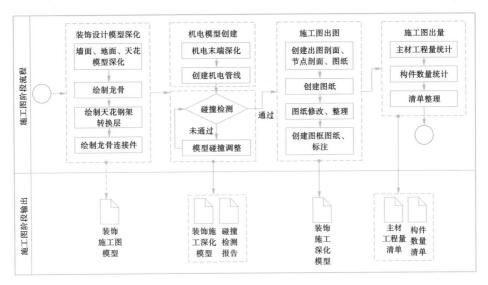

图 6-27 施工图阶段流程逻辑图

6.3.2 施工图阶段成果预览

施工图阶段成果见图 6-28～图 6-32。

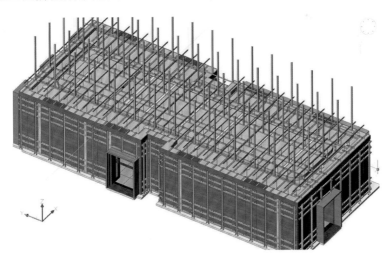

图 6-28 精装模型

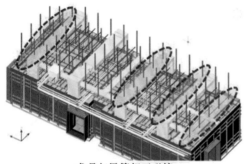
a.龙骨与风管相互碰撞1

b.龙骨与风管相互碰撞2

c.龙骨与风管相互碰撞3

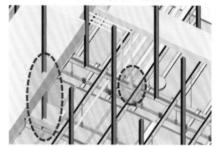
d.龙骨与风管以及冷凝水管相互碰撞

图 6-29　碰撞报告

主材下料清单

项目名称：XX项目　　审核：　　第　页

序号	产品名称	产品编号	成型尺寸 L/mm	成型尺寸 W/mm	成型尺寸 H/mm	使用区域	数量（件）	每块面积（㎡）	合计面积（㎡）	备注
1	云多拉灰大理石地砖3	AT.03	150	100	20	一层大厅	8	1.5	12	
2	云多拉灰大理石地砖3	AT.03	2400	150	20	一层大厅	2	36	72	
3	云多拉灰大理石地砖3	AT.03	11400	150	20	一层大厅	2	171	342	
4	云多拉灰大理石地砖3	AT.03	490	150	20	一层大厅	1	7.35	7.35	
5	云多拉灰大理石地砖3	AT.03	6300	200	20	一层大厅	1	126	126	
6	云多拉灰大理石地砖3	AT.03	550	150	20	一层大厅	1	8.25	8.25	
7	云多拉灰大理石地砖3	AT.03	550	200	20	一层大厅	1	11	11	
8	云多拉灰大理石地砖3	AT.03	6400	150	20	一层大厅	1	96	96	
9	云多拉灰大理石地砖3	AT.03	7170	150	20	一层大厅	1	107.55	107.55	
10	云多拉灰大理石地砖3	AT.03	1430	150	20	一层大厅	1	21.45	21.45	
11	云多拉灰大理石地砖3	AT.03	750	150	20	一层大厅	1	11.25	11.25	
12	云多拉灰大理石地砖3	AT.03	6040	200	20	一层大厅	1	120.8	120.8	
13	云多拉灰大理石地砖3	AT.03	7198.95	150	100	一层大厅	1	107.9843	107.9843	
14	云多拉灰大理石地砖3	AT.03	1451.05	200	20	一层大厅	1	29.021	29.021	
15	云多拉灰大理石地砖3	AT.03	6350	150	25	一层大厅	1	95.25	95.25	
16	云多拉灰大理石地砖1	AT.04	500	500	10	一层大厅	4	0.001001	0.004004	
17	浅米黄大理石	AT.02	600	600	20	一层大厅	106	0.0036	0.3816	
18	浅米黄大理石	AT.02	600	600	10	一层大厅	76	0.0036	0.2736	
19	浅米黄大理石	AT.02	600	450	10	一层大厅	48	27	1296	
20	浅米黄大理石	AT.02	600	340	20	一层大厅	11	20.4	224.4	
21	浅米黄大理石	AT.02	600	400	20	一层大厅	2	24	48	
22	浅米黄大理石	AT.02	570	340	20	一层大厅	1	19.38	19.38	
23	浅米黄大理石	AT.02	600	150	20	一层大厅	1	21	21	
24	浅米黄大理石	AT.02	600	570	20	一层大厅	1	34.2	34.2	

图 6-30　主材下料清单

No.	Component	Quantity	Thumbnails	杆长, mm
1	BDGH-I	192		
2	L120镀锌角码	95		
3	L50镀锌角码	219		
4	不锈钢干挂件	612		
5	副龙骨挂件	16		
6	副龙骨挂件	224		
7	圆形顶灯	14		
8	墙面不锈钢装饰条	8		
9	电梯按钮面板	2		
10	顶灯	7		
11	风机	8		
12	□10镀锌低碳钢丝吊杆	47		360.00
13	□10镀锌低碳钢丝吊杆	51		387.00
14	□10镀锌低碳钢丝吊杆	16		405.00
15	□10镀锌低碳钢丝吊杆	112		587.00

图 6-31　构件数量清单

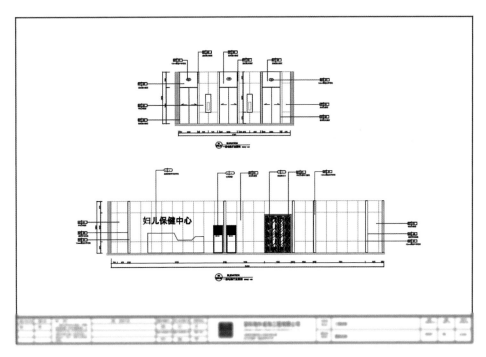

图 6-32　精装图纸

6.3.3 BricsCAD 软件实操

1. 装饰设计模型深化

（1）墙面、地面、天花模型深化。

① 墙面板深化（图 6-33）。

a. 赋予材质。

b. 墙面板几何深化（图 6-34）。

c. 墙面板 BIM 化（图 6-35）。

装饰设计
模型深化

对墙面板进行 BIM 分类，添加 BIM 属性，对不同规格的墙面板添加不同的 BIM 属性，对特殊构件可添加自定义

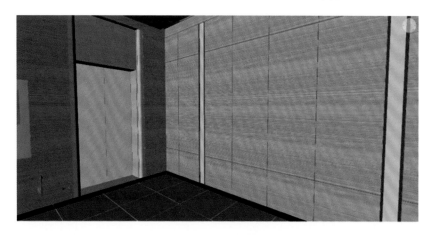

图 6-33　墙面板深化

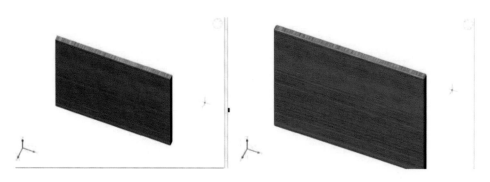

图 6-34　墙面板几何深化

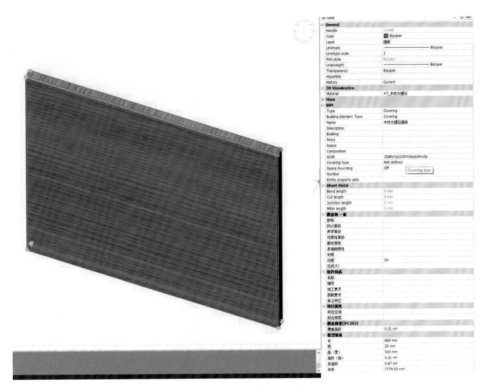

图 6-35　墙面板 BIM 化

属性。

② 地面铺装深化（图 6-36）。

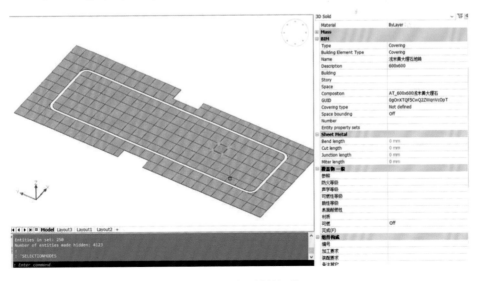

图 6-36　地面铺装深化

③ 天花面层深化（图 6-37）。

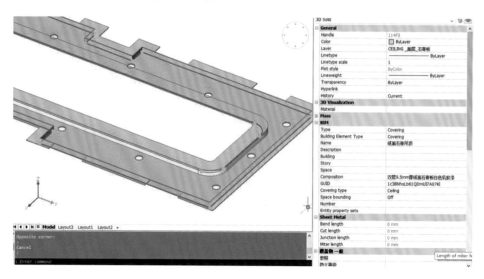

图 6-37　天花面层深化

④ 其余模型深化（门、窗、幕墙、特殊结构等）。门模型深化见图 6-38。

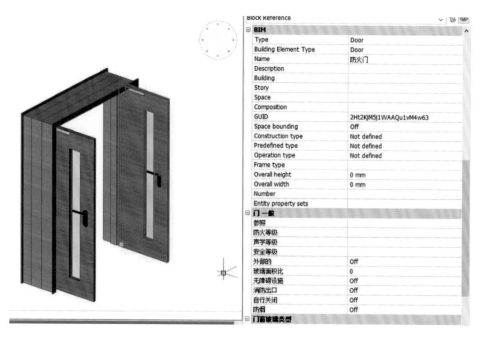

图 6-38　门模型深化

（2）绘制龙骨。

① 绘制墙面龙骨。

a. 绘制墙面龙骨基准线（图 6-39）。

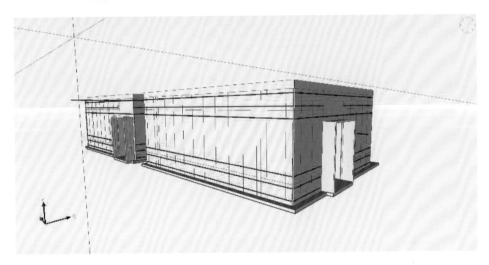

图 6-39　绘制墙面龙骨基准线

b. 放置墙面龙骨（图 6-40）。

图 6-40　放置墙面龙骨

② 绘制天花龙骨（图 6-41）。

（3）绘制天花钢架转化层（图 6-42）。

（4）绘制龙骨连接件。

① 绘制墙面龙骨连接件（图 6-43）。

② 绘制天花龙骨连接件（图 6-44）。

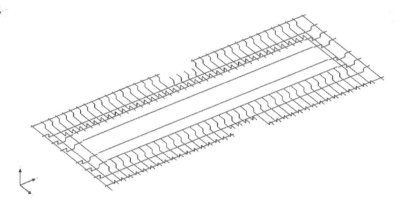

图 6-41　绘制天花龙骨

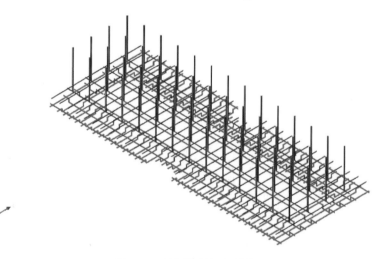

图 6-42　绘制天花钢架转换层

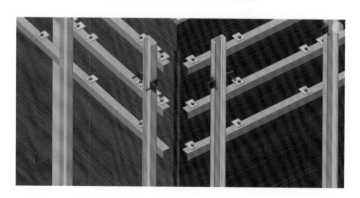

图 6-43　绘制墙面龙骨连接件

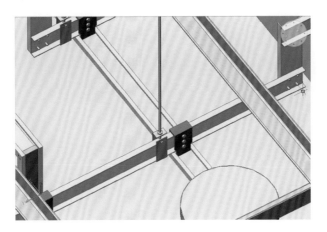

图 6-44　绘制天花龙骨连接件

2. 机电模型创建

（1）机电末端深化（图 6-45）。

（2）创建机电管线（图 6-46）。

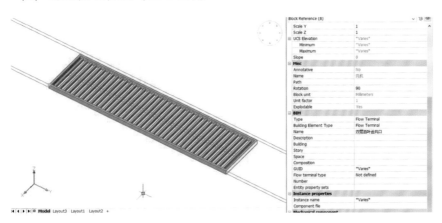

图 6-45　机电末端深化

3. 碰撞检测

（1）进行碰撞检测，碰撞检测报告如图 6-47 所示。

（2）模型碰撞调整。

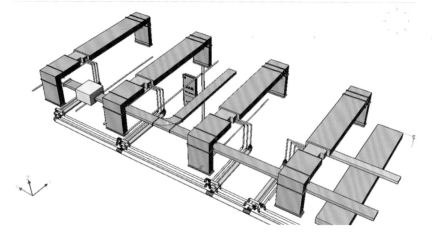

图 6-46　创建机电管线

a.龙骨与风管相互碰撞1

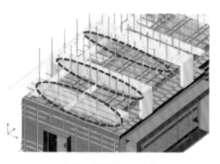

b.龙骨与风管相互碰撞2

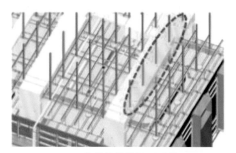

c.龙骨与风管相互碰撞3

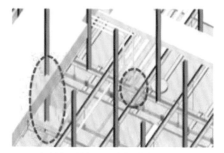

d.龙骨与风管以及冷凝水管相互碰撞

图 6-47　碰撞检测报告

4. 施工图出图

施工图出图流程图如图 6-48 所示。

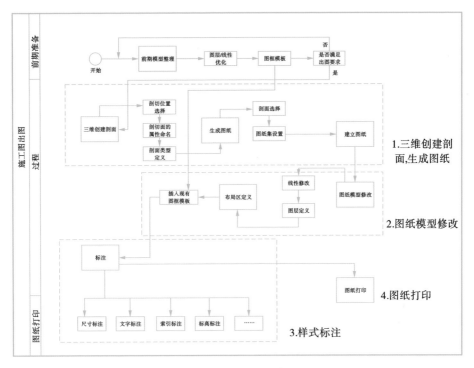

图 6-48　施工图出图流程图

（1）创建出图剖面、节点剖面、图纸。

① 创建出图剖面（图 6-49）。

② 创建节点剖面（图 6-50）。

施工图出图

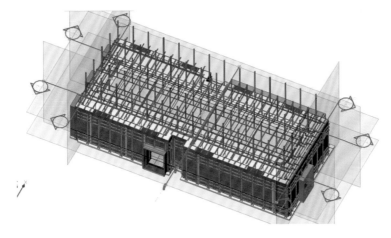

图 6-49　创建出图剖面

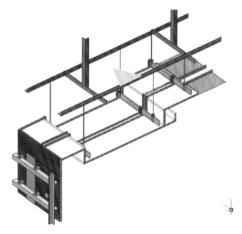

图 6-50　创建节点剖面

③ 创建图纸（图 6-51）。

图 6-51　创建图纸

（2）图纸修改、整理（图 6-52）。

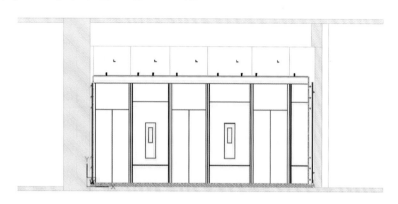

图 6-52　图纸修改、整理

（3）创建图框。

（4）图纸标注（图 6-53）。

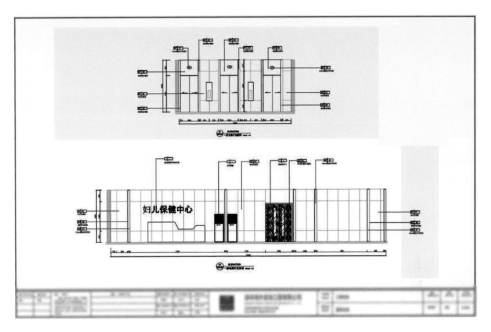

图 **6-53** 图纸标注

5. 施工图出量

工程量统计流程图见图 6-54。

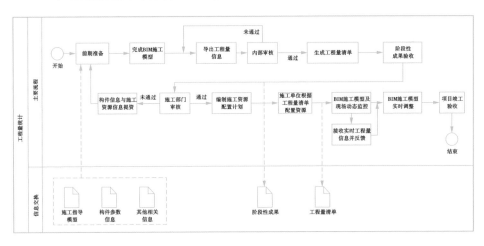

图 **6-54** 工程量统计流程图

施工图出量具体操作步骤如下。

（1）主材工程量清单。

① 主材工程量统计（以地面饰面砖为例）。

a. 选取相关构件，查看选取数量，通过与出量表对比，检查计量是否正确（图6-55）。

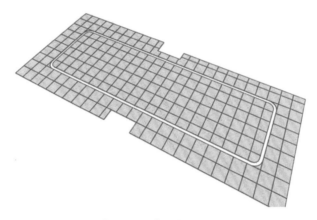

图 6-55 选取出量构件

b. 利用 BricsCAD 软件的数据提取命令，按照明细表要求，选取构件相应属性（图6-56）。

图 6-56 选择要提取的属性

c. 选择输出文件位置，将数据导出生成 CSV 文件（图 6-57）。

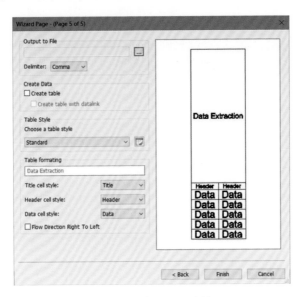

图 6-57　输出 CSV 文件

② 主材工程量清单整理。

a. 对数量求和，并对照软件实体选取数量，检查计量是否正确。

b. 按名称、数量（从高到低排序）等顺序整理表格（图 6-58）。

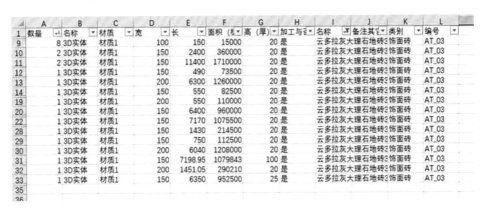

图 6-58　整理表格

c. 将整理后的数据复制到明细表模板（图 6-59）。

（2）构件数量清单。

① 构件数量统计。

a. 创建 BOM 单（图 6-60）。

序号	产品名称	产品编号	成型尺寸 L/mm	W/mm	H/mm	使用区域	数量(件)	每块面积(m²)	合计面积(m²)	备注
1	云多拉灰大理石地砖3	AT_03	150	100	20	一层大厅	8	1.5	12	
2	云多拉灰大理石地砖3	AT_03	2400	150	20	一层大厅	2	36	72	
3	云多拉灰大理石地砖3	AT_03	11400	150	20	一层大厅	2	171	342	
4	云多拉灰大理石地砖3	AT_03	490	150	20	一层大厅	1	7.35	7.35	
5	云多拉灰大理石地砖3	AT_03	6300	200	20	一层大厅	1	126	126	
6	云多拉灰大理石地砖3	AT_03	550	180	20	一层大厅	1	8.25	8.25	
7	云多拉灰大理石地砖3	AT_03	550	200	20	一层大厅	1	11	11	
8	云多拉灰大理石地砖3	AT_03	6400	150	20	一层大厅	1	96	96	
9	云多拉灰大理石地砖3	AT_03	7170	150	20	一层大厅	1	107.55	107.55	
10	云多拉灰大理石地砖3	AT_03	1430	150	20	一层大厅	1	21.45	21.45	
11	云多拉灰大理石地砖3	AT_03	750	150	20	一层大厅	1	11.25	11.25	
12	云多拉灰大理石地砖3	AT_03	6040	200	20	一层大厅	1	120.8	120.8	
13	云多拉灰大理石地砖3	AT_03	7198.95	150	100	一层大厅	1	107.9843	107.9843	
14	云多拉灰大理石地砖3	AT_03	1451.05	150	20	一层大厅	1	29.021	29.021	
15	云多拉灰大理石地砖3	AT_03	6350	150	25	一层大厅	1	95.25	95.25	
16	云多拉灰大理石地砖1	AT_04	500	500	10	一层大厅	4	0.001001	0.004004	
17	浅米黄大理石	AT_02	600	600	10	一层大厅	106	0.0036	0.3816	
18	浅米黄大理石	AT_02	600	600	10	一层大厅	76	0.0036	0.2736	
19	浅米黄大理石	AT_02	600	450	10	一层大厅	48	27	1296	
20	浅米黄大理石	AT_02	600	340	10	一层大厅	11	20.4	224.4	
21	浅米黄大理石	AT_02	600	400	10	一层大厅	2	24	48	
22	浅米黄大理石	AT_02	570	340	10	一层大厅	1	19.38	19.38	
23	浅米黄大理石	AT_02	600	350	10	一层大厅	1	21	21	
24	浅米黄大理石	AT_02				一层大厅			34.2	

图 6-59 将数据复制到明细表模板

b. 添加缩略图、相关属性（图 6-61）。

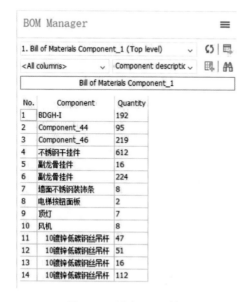

图 6-60 创建 BOM 单

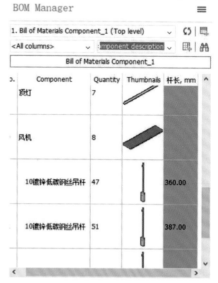

图 6-61 添加缩略图、相关属性

② 将构件数量清单插入图纸布局（图 6-62）。

构件数量清单					No.	Component	Quantity	Thumbnails	杆长, mm
No.	Component	Quantity	Thumbnails	杆长, mm	8	墙面不锈钢装饰条	8		
1	BDGH-I	192			9	电梯按钮面板	2		
2	L120镀锌角码	95			10	顶灯	7		
3	L50镀锌角码	219			11	风机	8		
4	不锈钢干挂件	612			12	□10镀锌低碳钢丝吊杆	47		360.00
5	副龙骨挂件	16			13	□10镀锌低碳钢丝吊杆	51		387.00
6	副龙骨挂件	224			14	□10镀锌低碳钢丝吊杆	16		405.00
7	圆形顶灯	14			15	□10镀锌低碳钢丝吊杆	112		587.00

图 6-62　将构件数量清单插入图纸布局

6.4　施工图深化阶段

对于施工图深化阶段，本案例以装饰深化设计过程中常遇到的两项内容（竖向净空优化、墙面板划分优化）为例，讲解 BricsCAD 软件操作流程，为深化设计师展现利用 BricsCAD 软件深化设计模型的过程。

6.4.1　竖向净空优化

本案例中假设竖向净空高度增加 300 mm，通过对不同模型构件的操作优化竖向净空高度。图 6-63 为原始设计图。

竖向净空优化

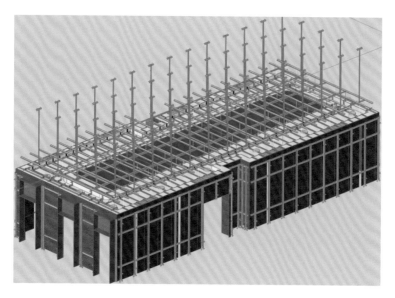

图 6-63 原始设计图

1. 调整天花及墙面板

(1) 复制墙面板、墙面基层、天花层至新文件。

(2) 整体移动天花层（图 6-64）。

(3) 调整墙面板高度（墙面板竖向重新划分）（图 6-65～图 6-67）。

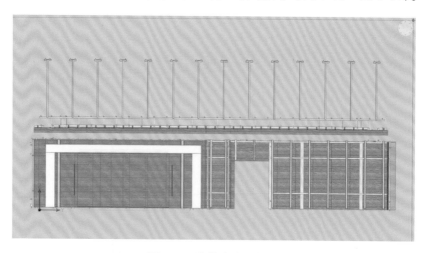

图 6-64 整体移动天花层

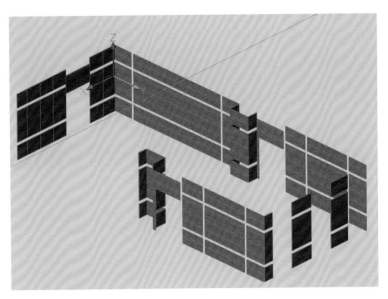

图 6-65 移动墙面板上面板和下面板

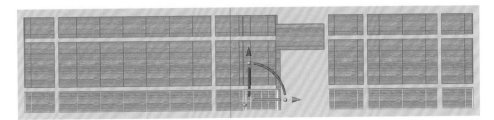

图 6-66 调整墙面板上边缘（框选过程中可通过"Ctrl"键切换选择方式）

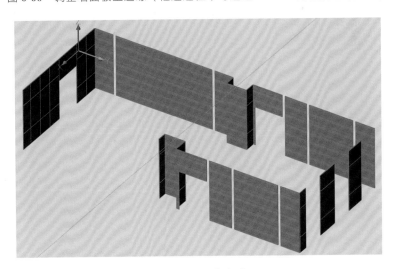

图 6-67 调整完成

2. 调整墙面构件

(1) 调整墙面装饰条（图 6-68～图 6-70）。

(2) 调整电梯门套高度（图 6-71、图 6-72）。

(3) 调整玻璃门高度（图 6-73、图 6-74）。

图 6-68 根据装饰条构件参数调整

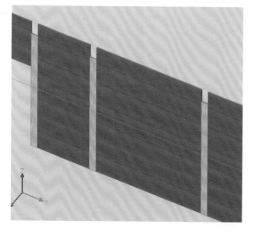

图 6-69 调整装饰条前

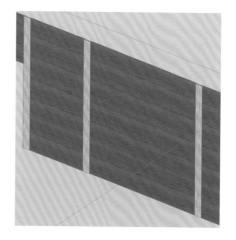

图 6-70 调整装饰条后

图 6-71 通过操作轴调整电梯门套高度

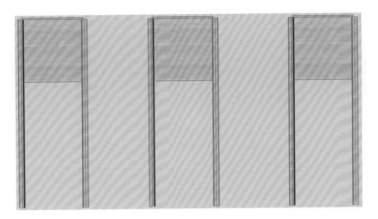

图 6-72　调整电梯门套高度后

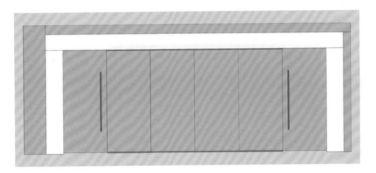

图 6-73　调整玻璃门高度前

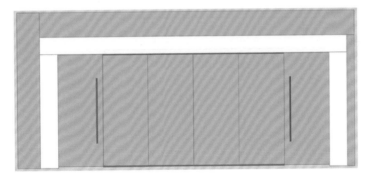

图 6-74　调整玻璃门高度后

3. 调整墙面龙骨

（1）调整竖向龙骨（图 6-75、图 6-76）。

（2）调整横向龙骨（图 6-77、图 6-78）。

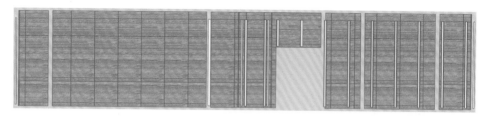

图 6-75　调整竖向龙骨前

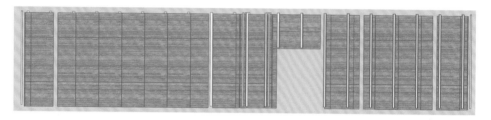

图 6-76　调整竖向龙骨后

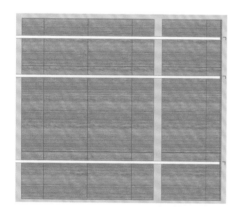

图 6-77　调整横向龙骨前

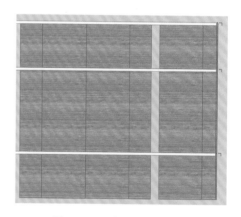

图 6-78　调整横向龙骨后

4. 调整墙面龙骨连接件

（1）调整干挂件（图 6-79、图 6-80）。

（2）调整角码（图 6-81、图 6-82）。

5. 整合模型

整合后的模型见图 6-83。

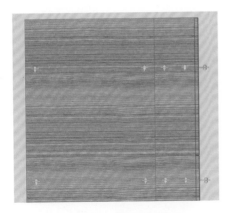
图 6-79 调整干挂件前

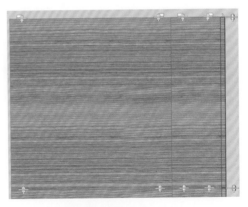
图 6-80 调整干挂件后

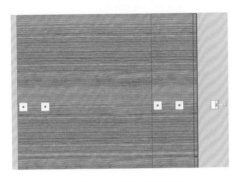
图 6-81 调整角码前

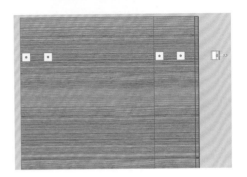
图 6-82 调整角码后

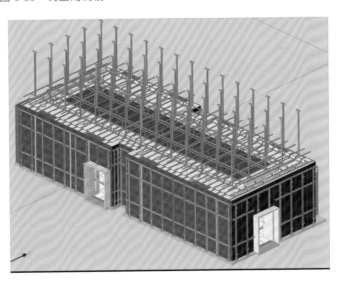
图 6-83 整合后的模型

6.4.2 墙面板划分优化

墙面板划分优化

本案例需对墙面板作如图 6-84 所示的调整，墙面装饰条及其余构件位置不变。

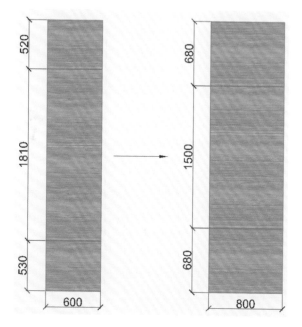

图 6-84 调整墙面板尺寸

1. 优化面板

（1）复制墙面层、墙面挂件、横向龙骨到新文件。

（2）删除墙面挂件，仅保留标准板墙面挂件（图 6-85）。

（3）优化面板高度（图 6-86）。

（4）优化面板宽度。

① 绘制新面板参考线（图 6-87）。

② 绘制标准板。

③ 复制标准板（图 6-88）。

④ 补齐非标准板（图 6-89）。

图 6-85 仅保留标准墙面板挂件

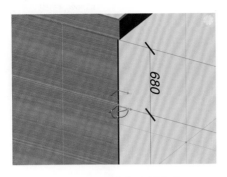

图 6-86　优化面板高度

图 6-87　绘制新面板参考线

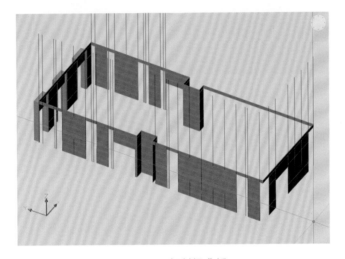

图 6-88　复制标准板

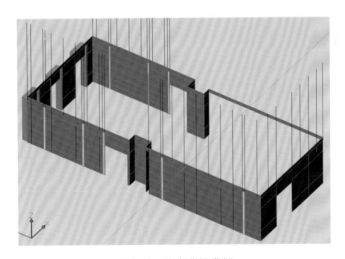

图 6-89　补齐非标准板

2. 调节龙骨及干挂件

（1）调节横向龙骨上下位置。

（2）调节干挂件（图6-90～图6-92）。

图 6-90　传播、放置干挂件 1

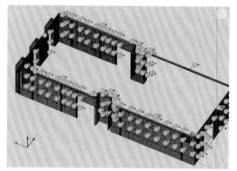

图 6-91　传播、放置干挂件 2

3. 整合模型

整合后的模型见图6-93。

图 6-92　调整干挂件后

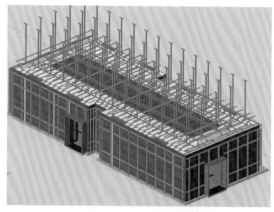

图 6-93　整合后的模型

07

Revit 装饰深化设计
案例解析

7.1.1 Revit 解决方案介绍

Revit 是 Autodesk 公司的 BIM 软件产品，它可帮助建筑设计师设计、建造和维护质量更好、能效更高的建筑。Revit 是我国建筑业 BIM 体系中使用较为广泛的软件。

在功能及业务覆盖方面，目前 Revit 软件广泛应用于民用建筑。Revit 本身属于平台类软件，其应用覆盖了建筑、结构、机电、装修等领域。Revit 的功能从方案设计、施工图设计到施工模型深化设计、工程算量都有所涉及。

在软件工具方面，Revit 本身作为平台类软件，自身集成了很多设计标准，积累了很多设计习惯，软件的工作效率也很高。Revit 开放了软件的 API 接口，让大量第三方平台参与到 Revit 应用的二次开发。目前国内用户和第三方平台为了使 Revit 软件的应用更加高效并且符合国内的标准，做了大量的二次开发工作。例如，在快速建模应用方面，有橄榄山快模、建模大师等插件；在结构计算分析方面，有 YJK 接口插件、广厦设计系统；在算量方面，有广联达数据接口，以及晨曦、品茗等一系列软件；在装饰深化设计、出图方面，有毕马汇装饰装修插件等。这些第三方插件的出现极大地提升了 Revit 建模、设计、出图、出量的效率。

在装饰工程设计应用方面，对于传统、简单、批量精装修工程（精装修业务包含给排水、暖通、电气工程），其装饰业务流程简单，在模型、图纸、工程量方面对软件的要求相对单一，Revit 本身自带的模型分类、图纸输出、明细表功能等，经简单调整就可以完成相应工作，因此应用较为深入。

批量精装修
案例

对于传统、简单、批量精装修工程，Revit 可以完成从方案设计到现场施工的全流程内容，如图 7-1～图 7-3 所示。Revit 可以协调各专业的设计，并针对建设单位的使用需求优化设计细节，在施工过程中可为主体结构部分的预留预埋提供指导，提升项目管控水平和质量，在批量精装修（住宅、酒店、医院等）项目中应用价值较高。

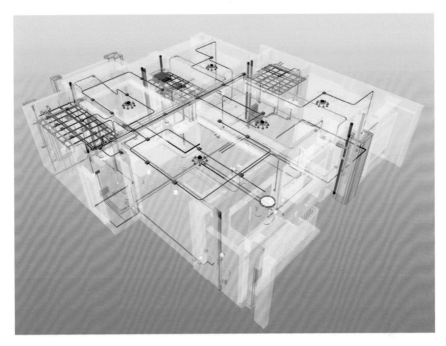

图 7-1　家装项目精装修模型

对于相对复杂的公装工程，项目涉及的装修材料、装饰工艺、专业等较为复杂，装饰深化设计的工作流程也相对复杂。本章将着重介绍公装工程的深化设计解决方案，旨在解决 Revit 在深化设计方面的不足。本章主要讲解以下内容：① 装饰构件在 Revit 系统中的分类经验，提高模型构件的分类管理能力，以满足出图、出量以及各专业的要求；② 常规公装构件深化建模的方式，介绍面类构件、线性构件的建模方式和方法，提升深化设计的建模能力；③ 以装饰工程工作的结果为导向，介绍标准化出图、出量、形成深化设计成果的工作要点。

7.1.2　Revit 解决方案的技术特点

(1) 便于多专业协同设计。

Revit 平台提供了建筑、结构、给排水、暖通、电气、幕墙、装配式设计基本功能，第三方设计模块还在逐步增加，也是国内目前使用最广泛的 BIM 软件平台。目前软件在协同设计方面提供了链接参照模式和中心文件模式，多专业兼容与多专业统一，大幅度提升了协同设计效率。

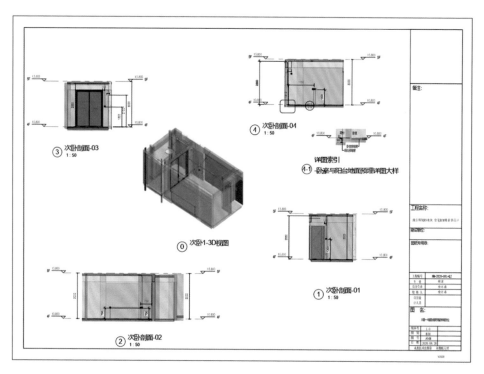

图 7-2 家装施工出图

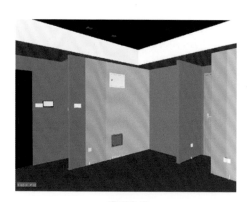

模型文件

现场施工

图 7-3 家装现场施工预留预埋指导

（2）丰富的参数自定义功能。

Revit 软件本身提供的构件、基本参数等能够满足一些基础的设计工作，其包含了可自定义的项目参数、共享参数、类型参数、实例参数等，结合构件的分类管理功能，可以实现各类信息的集成与输出。

（3）模、图、表统一的构件分类管理模式。

Revit 软件的构件分类管理与传统的 CAD 图层管理有一定的差异，Revit 软件自带的构件分类管理功能采用了树形目录，该目录在构件库的管理、构件颜色的设定、信息表格的提取等方面相互统一。统一的构件分类管理模式可以方便快捷地完成出图、出量的设置。

（4）完整的工作流程。

在设计方面，Revit 软件提供的体量设计模块可用于方案设计阶段；通用的建筑结构建模可以完成施工图的设计；可以自定义的族创建模块能够支持模型细度从 LOD300 深化设计到 LOD400，完成精装修模型的深化设计。软件自身和第三方提供的插件功能，可以用于效果图渲染和动画制作。整套工作流程完整、方便。

（5）丰富的数据接口支持。

在数据接口支持方面，目前的 Revit 支持传统的 DWG、DXF、SAT 等通用格式，以及国际通用的 IFC 格式，2018 版之后的版本也同步支持Rhino 和 SketchUP 的源文件格式。丰富的数据格式支持使得 Revit 软件的应用更加方便、快捷。

（6）模块化编程自定义能力。

Revit 自带了可视参数化编程 Dynamo。Dynamo 可以依据用户自身的功能需求定制固定的工作流程，以提升工作效率。另外，第三方平台还提供了 Revit Python Shell 插件，可以在 Revit 环境中快速实现编程，大幅度提升工作效率。

但在公装设计方面，Revit 还存在着一些比较棘手的问题，例如现有的标准图库还不够丰富，设计需要使用的素材都需要设计师自己制作，工作量大；软件目前不支持高版本向低版本转化，导致设计师经常需要依据项目情况使用不同版本的软件，工作比较冗余；软件自带的构件分类功能不能自定义，导致新增的装饰构件分类需要专门制定构件分类参数，操作不够便利；软件操作与传统的设计方式有差异，构件编辑、出图设置较为繁琐，在快速设计过程中比较耗时。

7.2　**Revit 装饰深化设计**

7.2.1　**Revit 装饰深化设计的四个阶段**

Revit 装饰深化设计大致分为准备工作阶段、装饰模型深化阶段、模型出图阶段和模型出量阶段。

1. 准备工作阶段

准备工作阶段主要完成以下工作。

① 协同设计环境准备，主要包含协同方式选择、设计人员分工、统一工作环境的搭建等工作。

② 前置资料检查，主要检查各专业图纸或模型是否健全，是否存在缺项，了解图纸、模型的版本更新情况。

③ 土建模型检查与校对，主要是校核图模一致性，校核模型和施工现场的差异。这一阶段应当出具土建模型问题记录报告文档，主要记录在模型校核过程中发现的设计问题或者与项目现场不一致的问题（如果项目资料不存在土建模型，应当依据设计图纸创建模型，然后基于 BIM 模型进行深化设计）。

④ 专业模型碰撞检查，主要检查土建、机电工程等的设计问题，并记录成碰撞检测报告。该报告主要用于沟通、反映问题，明确现有图纸资料的缺陷，为后面的装饰设计明确设计前置条件。

2. 装饰模型深化阶段

装饰模型深化阶段主要完成以下内容。

① 创建各类装饰天花，例如铝扣板类、格栅天花板、石膏板造型天花等。天花板模型包含天花装饰层、天花综合点位、天花基层、天花轻钢龙骨系统、天花钢架转换层模型。

② 创建各类装饰墙面，例如干挂石材墙面、木饰面、金属墙面等。墙面模型包含墙面装饰层、墙面末端定位、墙面基层、墙面龙骨系统、墙面

固定家私、墙面装饰门模型。

③ 创建各类装饰地面，例如架空底板、木地板、石材地面、地毯等。地面模型包含地面装饰面、地面末端点位、地面基层、地面固定家私模型。

④ 创建其他装饰模型，例如吧台、护士台、大型定制展构件等。

装饰模型深化阶段主要完成装饰区域划分图、墙面主材排版下单图、墙面龙骨排布图、地面主材排版图、综合天花排布图、天花钢架转换层图等。

3. 模型出图阶段和模型出量阶段

模型出图阶段和模型出量阶段主要是完成成果的整理，出具完整的图纸和相应工程量信息。具体内容如下。

① 装饰模型的分类管理检查，此项主要按照模型分类管理标准检查模型是否严格按照分类标准制作，分类检查工作能够确保出图、出量的正确性。

② 各类图纸的出图，装饰深化设计工作出图标准详见本书第 4.1 节。

③ 工程量统计，装饰深化设计工程量统计主要包含各类面层的型号和面积、型材、末端点位、家具明细等的统计。

7.2.2 Revit 装饰深化设计的交付标准

Revit 装饰
深化设计的
交付标准

Revit 装饰深化设计交付内容包含深化设计模型、基于 Revit 的项目浏览器组织管理、深化设计出图、工程量清单四部分核心内容。在装饰模型深化阶段完成的装饰模型已经达到常规的 LOD400 细度（深化设计过程中，依据项目的设计需求，并非所有的模型都需要 LOD400 细度）。在 LOD400 模型的基础上，制定的基于 Revit 的交付标准应确保输出成果能够满足深化设计的业务需求，详细的交付标准包含了交付模型的项目浏览器组织标准、基于 Revit 的装饰构件分类管理标准、出图打印设置标准、排版下料统一编码标准四项内容。

1. 交付模型的项目浏览器组织标准

制定基于 Revit 的项目浏览器组织标准，主要目的是有构架地组织管理模型文档的视图、图纸、明细表等，以达到业务内容的交付标准。视图的组织管理通过设置视图及详图对象的项目参数值实现，在项目管理参数中增加设计阶段、设计流程、视图分类这三个参数来实现项目浏览器的管理。三个参数的赋值如下。

（1）设计阶段：01 正向设计、02 深化设计。

（2）设计流程：不同设计阶段有不同的设计流程。在正向设计阶段，设计流程为土建模型校对、专业碰撞检查。在深化设计阶段，设计流程为图纸整理、材料下单、三维展示。

（3）视图分类：01 平面图、02 立面图、03 三维视图、04 剖面图、05 详图大样。某酒店项目视图参数设置见图 7-4。

参数设置完成后，通过项目浏览器的组织管理新建排序目录即可生成满足要求的视图组织管理。项目浏览器组织设置见图 7-5。交付内容组织示例见图 7-6。

图 7-4 某酒店项目视图参数设置　　　　图 7-5 项目浏览器组织设置

图 7-6 交付内容组织示例

项目的明细表与图纸内容在明细表与图纸内通过编号命名管理。根据出图、出量的内容组织，明细表包括下单统计表和工程量统计表，图纸则包括从封面到墙身详图的各类内容。交付内容组织目录树见图 7-7。

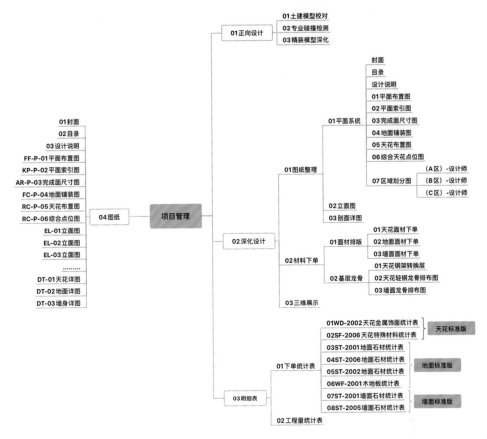

图 7-7　交付内容组织目录树

2. 基于 Revit 的装饰构件分类管理标准

在模型深化设计基本完成后，需要基于模型完成出图、出量的组织，完成与其他专业的协作。这些工作均需要对模型构件进行精细化的管理组织，然而在 Revit 软件平台中默认的构件分类不能满足装饰构件的详细分类，因此需要定制装饰构造分类参数来进行模型管理。装饰构造可分为天花、地面、墙面 3 个主类，这 3 个主类的构造层次又可细分为 15 类装饰构件。通过赋值指定分类参数并与项目过滤器同步使用，实现快速出图、出量以及与其他专业的协作。详细的装饰构造分类及过滤器颜色设置见图 7-8。

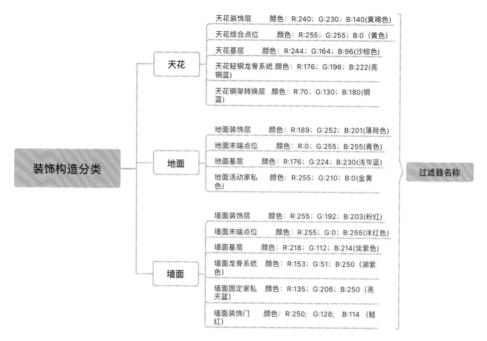

图 7-8　详细的装饰构造分类及过滤器颜色设置

3. 出图打印设置标准

Revit 标准化出图打印在装饰构造中实现较为困难和不便，为统一项目出图效果，出图打印应遵循传统 CAD 图纸的标准进行设置。在 Revit 中需要结合对象管理器及过滤器共同实现出图打印设置，在对象管理器中设置已有明确分类的构件和标注符号的出图属性，在过滤器中调整自定义装饰构件的出图属性，部分无法实现的内容可以在导出 CAD 图纸后设置。详细的出图打印设置标准见附录 3。

4. 排版下料统一编码标准

公装项目通常面积大、区域多，以团队协作模式完成，为避免统计表格中的编码混乱与不规范，项目应针对项目主要板材的编码进行统一的规定。编码格式为：分区-材料类型及尺寸规格-编号。排版下料统一编码标准如图 7-9 所示。

如图 7-9 所示，不同的大写字母代表装饰区域，不同的小写字母是为了区分不同类型的石材，阿拉伯数字是为了区分同种石材的不同规格。

图 7-9　排版下料统一编码标准

在 Revit 软件内完成材料统计后，即可按照标准模板导出主材下单明细表。

基于上述 Revit 装饰深化设计交付标准，熟练掌握 Revit 软件操作后，就能够实现装饰正向深化设计。

7.3 某酒店项目 Revit 深化设计成果详解

7.3.1 条件图模校对

某酒店项目 Revit 深化设计成果

（1）工作内容。将条件图纸（土建、机电、幕墙等各专业图纸）、BIM 模型（各专业提供的图纸内容）、现场实际条件与装修图纸（包含方案效果图、施工设计图等）进行校核。检查并记录与装修图纸不符合的情况，生成条件图模问题记录报告（图 7-10）。

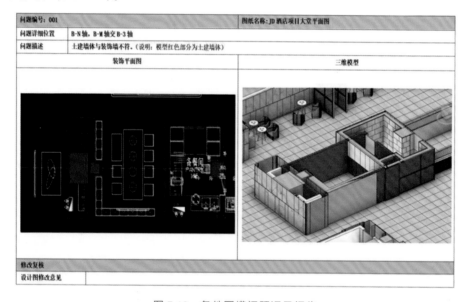

图 7-10 条件图模问题记录报告

（2）工作目标：检查图纸错误或者遗漏，充分了解施工现场实际的条件，为深化设计作准备。

（3）工作意义：及时发现前期设计方案存在的问题以及图纸不准确的情况，避免后期产生大量的方案修改与调整。

（4）注意要点。

① 每个问题应用不少于一张的 CAD 图及一张三维图纸进行说明。

② 最终应形成报告对所有问题进行汇总分析。

③ 收到建设单位或设计单位对问题的回复后应及时更新。

④ 有实施条件的项目可以采取现场点云扫描技术，通过高精度现场扫描仪获取现场条件点云模型作为设计条件，与现有的装饰方案和图纸进行校核。

7.3.2 专业碰撞检测

(1) 工作内容：在完成初步的精装修面层模型后，将精装模型导入Navisworks，与其他专业模型进行碰撞检测，生成专业碰撞检测报告(图7-11)。

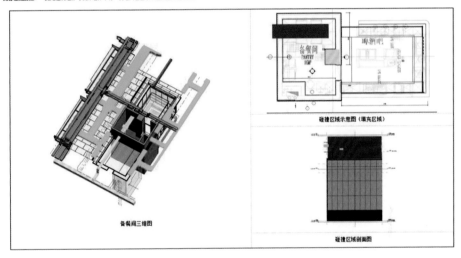

图 7-11 专业碰撞检测报告示例

(2) 工作目标：发现模型中存在的碰撞问题，找出碰撞原因以及解决办法，确保深化设计的可实施性。

(3) 工作意义：协调解决各专业之间的设计问题，此过程要在设计方案调整过程中反复进行。

(4) 注意要点。

① 专业碰撞检测报告中必须明确编制的图纸依据（明确版本图号），问题的位置记录详细到楼层与轴号，尽可能地提供解决方案。

② 本案例的检测报告是采用 Revit 软件人工检查 Word 文档进行编制，模型与视图记录也可以保存在单机版的 Navisworks 软件存储文件中，便于查看、核实。有条件的项目或者单位可以使用在线的协同管理系统进行问题的记录与跟踪，如目前的 RevitZTO、A360 等在线产品。

7.3.3　精装模型深化

（1）工作内容。按照装修设计意图结合现有条件完成装饰的深化设计与模型的创建，模型创建细度应达到 LOD400，依据不同空间的设计需求，模型细度可以适当降低。对于批量精装修的空间，例如住宅、医院病房、酒店客房等，重复度较高的空间模型细度宜高，建议装饰工程与机电工程同步深化设计。

（2）工作目标：完成装饰深化设计的模型设计，确定施工采购的材料和安装工艺。

（3）工作意义：精装模型深化是对装饰设计方案的可行性验证，是施工出图、出量工作的基础。

（4）注意要点：深化设计过程中应按照装饰各面的设计将模型设计空间展开成平面，展开的视图命名应统一，且应与平面索引图、立面索引图有对应关系。

本案例的整体模型深化设计图和立面深化设计图分别如图 7-12 和图 7-13 所示。

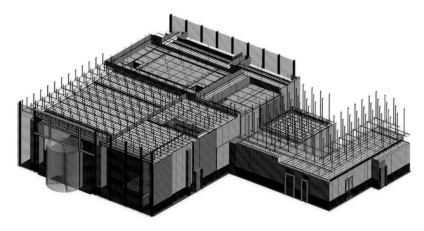

图 7-12　整体模型深化设计图

图 7-13　立面深化设计图

7.3.4　装饰区域划分图

(1) 工作内容：将装饰平面图按照一定的依据来进行分区，提交装饰区域划分图（图 7-14）。

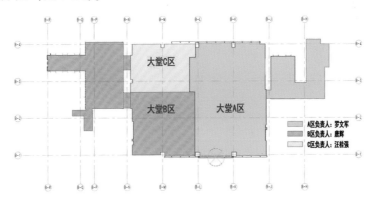

图 7-14　大堂装饰区域划分图

(2) 工作目标：明确每个设计空间的范围。

(3) 工作意义：便于设计分工、施工分区。

(4) 注意要点。

① 必须有划分依据，可以以功能区作为划分依据，比如大堂区域、电梯厅、休息区等；也可以根据材料进行划分，比如大堂和吧台地面都是石材，可以划分到同一范围，内室和休息区地面都是木地板，可以划分到同一范围；还可以根据装饰等级来划分区域，如毛坯范围、精装范围、简装范围等。

② 精装区域划分图必须按照划分依据来确定，图纸中要用不同颜色来区分区域，颜色和图例保持一致。

③ 按照区域划分后，不同分区的设计师应采用统一的轴网来深化设计模型。采用同一类构件或同一工艺的部分一般不分区，如果出现了分在不同区域的情况，需要提前沟通说明，避免深化设计过程的混乱。

7.3.5 主材排版下单

（1）工作内容：整理材料类型，将各面层材料归类，按整理的物料材料梳理图纸，分拆形成材料专项图纸，并形成一个图纸目录表单；绘制材料平面索引图、立面图；统计各材料的名称、使用区域、规格、数量、面积等信息。

（2）工作目标：提交材料下单图和材料统计表。

（3）工作意义：达到材料询价、梳理图纸、核算面层主材工程量的目的。

（4）注意要点。

① 材料排版图（图 7-15）必须在总平面图中做示意，标注立面索引位置，以明确相应图纸所处位置；对立面的同种材料进行同一编号，方便统计数量。

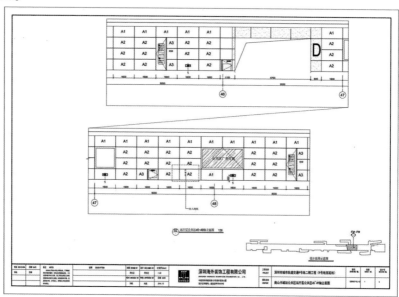

图 7-15　材料排版图

② 材料统计表（图7-16）必须包含材料名称、使用区域、编号、规格、单位、数量、每块面积和总面积等内容。

▲	A	B	C	D	E	F	G	H	I	J
1					南山书城站站厅搪瓷钢板材料统计表					
2										编号：001
3	序号	材料名称	使用区域	编号	规格	单位	数量	每块面积	总面积/m²	备注
4	1	MT-03搪瓷钢板	站厅	A1	790×1590	块	244	1.2561	306.4884	
5	2	MT-03搪瓷钢板	站厅	A2	790×1590		490	1.2561	615.489	
6	3	MT-03搪瓷钢板	站厅	A3	790×790		34	0.6241	21.2194	
7	4	MT-03搪瓷钢板	站厅	A5	790×790		3	0.6241	1.8723	
8	总计						771		945.0691	
9										
10										
11										

图7-16　材料统计表

7.3.6　天花钢架转换层

（1）工作内容。根据吊顶龙骨的安装规律，在适当标高处形成可以供龙骨生根的钢骨架网，将吊顶龙骨的生根点由原结构转换至设计标高处。转换支撑钢结构网格的设计尺寸可以根据实际吊顶龙骨的排布确定，一般横向角钢用于安装吊筋，间距为900～1200 mm，纵向角钢只起到系统稳定作用，间距为1500～3000 mm，竖向角钢间距为1000～1500 mm，竖向角钢通过角钢角码、膨胀螺栓与结构顶连接。

（2）工作目标。解决因长细比过大而导致的吊顶龙骨系统失衡、吊顶表面凸凹不平甚至安全隐患等问题。通过钢骨架网格与原结构连接，在指定高度处形成可以供吊顶系统安装龙骨的次结构层，从而形成安装转换支撑系统。

（3）工作意义。解决了大空间吊杆长度大于1.5 m时，因长细比过大而导致的受水平向力或轴向压力容易失衡的问题。吊顶内的灯具、管线等静态轻量设备（如：吊顶内管线可以固定，但空调风管不可以）可以直接固定到此转换支撑系统结构上，无须单独设吊装支架，节约材料。常规吊顶反支撑的做法容易被吊顶内较大的设备管路等阻挡。支撑只能倾斜一定的角度安装，但容易导致龙骨受力不均匀，在吊顶完成后影响平整度，吊顶转换支撑在同一空间内是一个整体系统，有效与吊顶内设备结合避免冲突，形成的网格受力均匀，给轻钢龙骨吊顶的安装提供了一个良好的基层结构。

（4）注意要点。

① 竖向角钢焊接：按图纸设计要求，用镀锌角钢焊接在安装好的角码或底座上，焊接点采用满焊形式。竖向角钢焊接完成后，应在横向和纵向拉线（或拉钢丝）检查，确保角钢顺直，焊接完成的角钢焊接部位应及时做防锈处理。

② 平面角钢网格焊接：平面角钢焊接时，应先复核此时的标高是否符合设计要求，并预留出轻钢龙骨及罩面板的安装空间。相邻两排横向角钢的间距不应超出吊顶轻钢龙骨吊筋间距的允许范围（900～1200 mm），并且每间距1500～3000 mm 加一道通长的角钢做纵向加固，以保证吊顶的整体稳定性。钢架结构转换的固定点应结合工程实际情况，根据网架结构的设计确定。竖向角钢（或圆钢管）与纵横向角钢网格的连接可采用钢板连接件焊接。钢架焊接完成后，应按照原编制方案校核，并检查焊接部位是否已做防锈处理。如图 7-17 所示为天花钢架转换层示意图，如图 7-18 所示为钢架转换层排布及构造图。

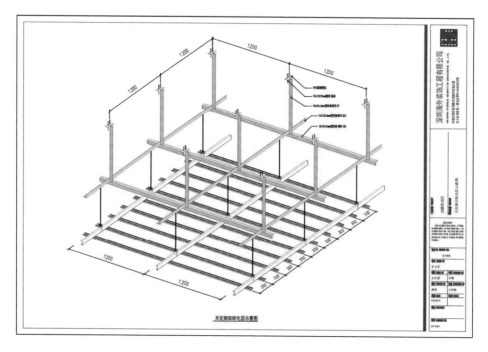

图 7-17　天花钢架转换层示意图

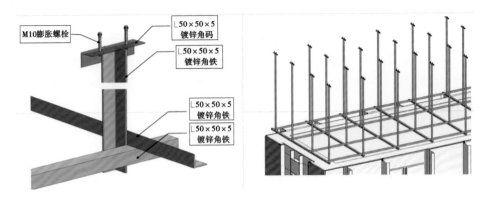

图 7-18 钢架转换层排布及构造图

7.3.7 墙面龙骨排布图

(1) 工作内容。基于 BIM 模型的深化设计,不仅能精准地表达龙骨所处位置,还能构建出龙骨之间的搭接关系和墙面的固定点位。同时根据完成的龙骨搭接情况,准确地预留出装饰面层构件的安装点位。

(2) 工作目标:将墙面龙骨精准排布和定位,生成墙面龙骨排布图。

(3) 工作意义:确保装饰效果,减少返工情况。

(4) 注意要点。

① 隔墙轻钢龙骨的安装,应根据设计图样要求,先将沿地和沿顶龙骨准确地固定在混凝上梁、板、地面及砖墙上。固定龙骨的射钉水平方向最大间距 800 mm,垂直方向最大间距 1000 mm。

② 在安装沿地和沿顶龙骨之前,先将与龙骨的接触部位(梁、板、柱及楼地面)处理平整,在楼(地)面上可做混凝土踢脚台(或不做踢脚台)。

③ 安装沿地和沿顶龙骨时,需在龙骨的背面粘贴两根通长的氯丁橡胶条或泡沫塑料条(截面尺寸 10 mm × 10 mm),作为防水、隔声的第一道密封。

④ 当沿地和沿顶龙骨与混凝土构件连接时,一般采用 M5 mm × 35 mm 的射钉,用射钉枪进行安装。

⑤ 安装 C 形竖龙骨时,将竖龙骨的上下两端插入沿地和沿顶龙骨中,按照要求调整尺寸,精确定位,要求垂直放置。在每根竖龙骨上,沿龙骨

长度方向隔一定距离均有预留设置的 H 形切口，可在安装过程中临时打开，以便在隔墙内穿线、穿管。

⑥ C 形竖龙骨大多是定型产品，其长度通常为 3 m。在实际工程应用时，因隔墙高度变化较多，往往需要接长使用。

图 7-19 为墙面龙骨排布示意图。

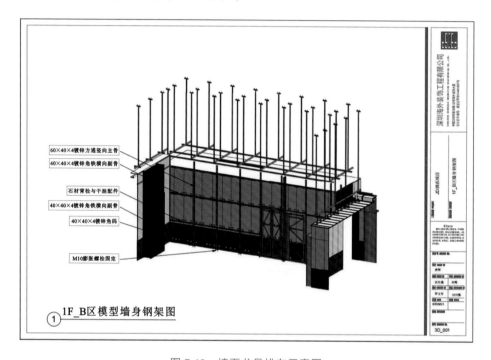

图 7-19　墙面龙骨排布示意图

7.3.8　精装图纸输出

（1）工作内容。对精装模型进行图纸整理及出图标注，使平面、立面和剖面都做到图模一致；根据模型内容，进行材料下单。最终将天花吊顶示意图（图 7-20）、天花吊顶详图（图 7-21）、剖面图（图 7-22）、立面图（图 7-23）、平面布置图、地面铺装图（图 7-24）、完成面尺寸图以 PDF 或者 DWG 格式导出。

（2）工作目标：完成装饰深化设计图纸成果的输出。

（3）工作意义：便于施工方理解图纸。

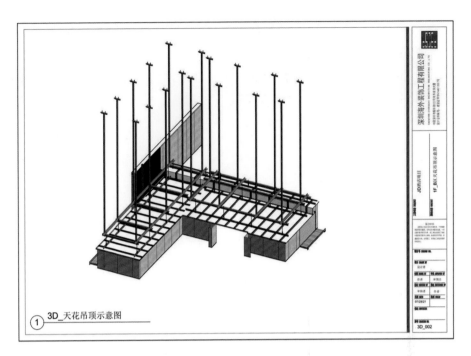

图 7-20　天花吊顶示意图示例

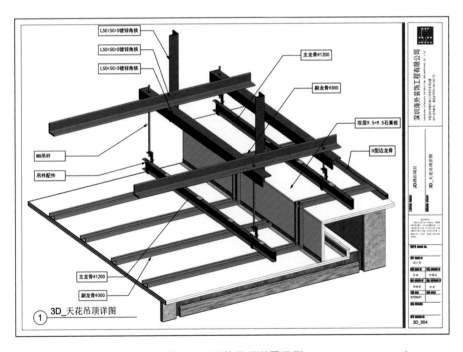

图 7-21　天花吊顶详图示例

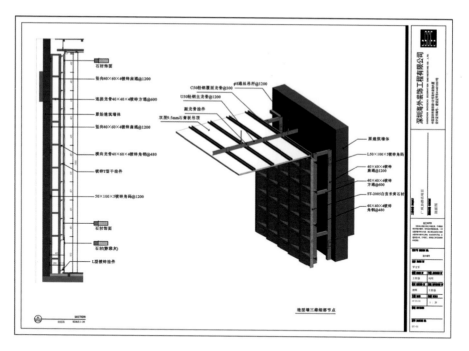

图 7-22　Revit 剖面图示例

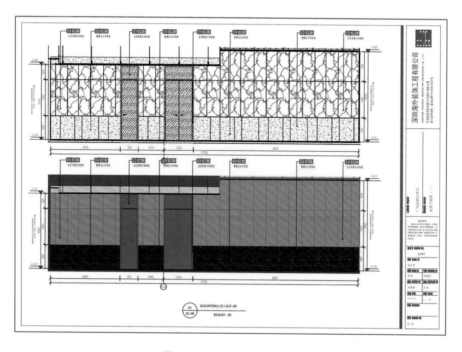

图 7-23　Revit 立面图示例

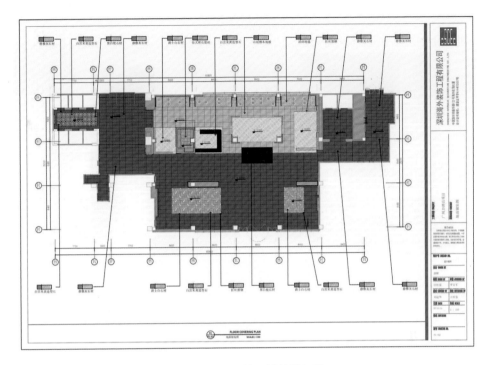

图 7-24　Revit 地面铺装图示例

（4）注意要点。

① 出图操作在 Revit 中实现效率较低，需要辅以大量的标准化出图详图符号，Revit 可以将原有的设计标准图例导入软件，制作成注释族构件，从而提升出图效率和美观性。

② Revit 出图操作中建议启用视图模板，同一类视图使用统一的标准视图模板，当第一个出图面设置规范后，后期的同类视图出图效率会大幅度提升。

7.3.9　优化成果

（1）工作内容：找出原设计存在的问题，提出解决方案，生成优化成果总结报告（图 7-25）。

（2）工作目标：解决原始设计中存在的问题。

（3）注意要点：优化成果总结报告中需要对问题做出明确介绍，包括位置、产生的原因、解决的方法等，需要对优化成果做出 BIM 三维展示。

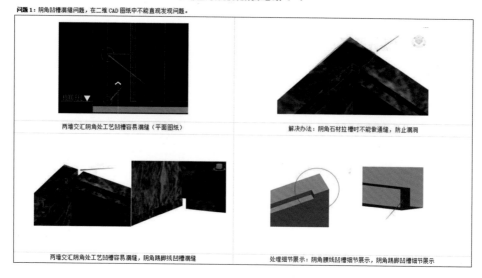

图 7-25 JD 酒店项目优化成果总结报告

7.3.10 漫游动画

(1) 工作内容：给建好的三维模型赋予相应的材质和灯光，确定规划好漫游的路径以及漫游视角，对模型进行漫游和渲染，最后以视频的形式导出。

(2) 工作目标：能够按照建筑图纸 1 : 1 制作建筑模型，模拟各种真实气候和光线，制作各种自然界的仿真景观，最终生成的三维建筑漫游的视频文件，能够全方位、直观地给人们提供有关建筑的各种具有真实感的场景信息，能够产生实体沙盘模型所达不到的仿真空间效果，也能够表达建筑上的每个细节，这也是静态效果图做不到的。

(3) 注意要点。

① 赋予材质时，尽量不要出现相同命名的材质球，不得出现属性和参数等都相同但命名不同的材质球。

② 贴图大小限制在 1024 PPI×1024 PPI 之内，尽量使用占用空间小的格式，如 JPG、TGA 等。

③ 对于灯光部分，一般先分别建立日光下的远景、中景、近景灯光，再分别建立夜景的远景、中景、近景灯光，最后再分别根据每个镜头的实

际情况细调灯光，远景应考虑光线来源方向，中景、近景则不需要考虑。将调好的灯光应用于场景，渲染、测试灯光效果，进行细调。

④ 经过模型建立、动画制作、材质灯光调整后，还要通过渲染才能把场景模型转化为视频或图像，一般渲染为 PAL 制 720 PPI×576 PPI 或 720 PPI×404 PPI 分辨率，高清画面为 1920 PPI×1080 PPI，比例为 1.067。

图 7-26、图 7-27 为本案例的漫游动画截图。

图 7-26 漫游动画截图 1

图 7-27 漫游动画截图 2

7.3.11　工艺演示动画

（1）工作内容。将 Revit 模型导入 Navisworks，在 Navisworks 中建立选择集。首先对与施工进度中任务相对应的模型建立选择集，并按照施工进度中的任务名进行命名；其次对建立完选择集的模型设置材质，将 Proiect 任务进度导入 Navisworks，重建任务层次，使用规则自动附着模型将模型附着在任务上，设置任务开始外观和结束外观以确定动画的表现形式；最后通过模拟按钮测试制作好的动画。

（2）工作意义。创建 BIM 模型，参照初步施工方案进行模拟施工，分析和优化施工方案，对重点、难点进行探讨，从而发现施工时可能出现的问题，在施工前就采取预防措施，直至获得最佳施工方案，尽最大可能实现"零碰撞、零冲突、零返工"，从而大大降低返工成本，减少资源浪费、施工冲突以及安全问题。创建各项施工模型，形象、直观地模拟施工过程和重要环节的施工工艺，比较多种施工方案的可实施性，为最终方案的确定提供支持。

（3）注意要点。

① 在手动输入进度计划时，必须输入任务名称、开始时间、结束时间，且把任务类型调成构造。

② 在导入 Microsoft Project 文件格式时，任务名称此处对应的是层名，也可对应为其他，任务类型为构造。

③ 在编辑数据源时，选择器选择对应显示的外部字段名称，即数据源中的列名称，注意区别于显示的字段名。

④ 完成后注意在数据源上单击右键选择重构任务层次，即可在任务选项卡中生成进度信息。

⑤ 在进度计划与模型相关联时，注意使用"选择树"功能集中选择，不用叠加地去点选或框选，同时注意"附着当前选择"和"附加当前选择"的区别。"附着当前选择"会把之前已关联的进度计划与模型覆盖，"附加当前选择"则会相应叠加。

⑥ 在模拟时，注意在"设置"选项卡里勾选"替代开始/结束日期"，并调好开始和结束日期，且选择覆盖文本在顶端，以在动画中显示时间。

⑦ 导出动画时，注意选择"源"中的"TimeLiner 模拟"，且格式选择"Windows AVI"，根据需要选择尺寸、每秒帧数和抗锯齿。

图 7-28、图 7-29 为本案例的工艺演示动画截图。

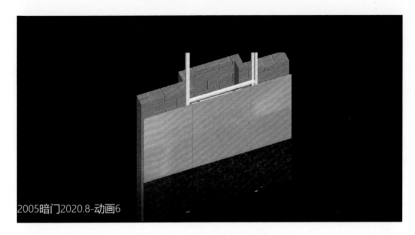

2005暗门2020.8-动画6

图 7-28 工艺演示动画截图 1

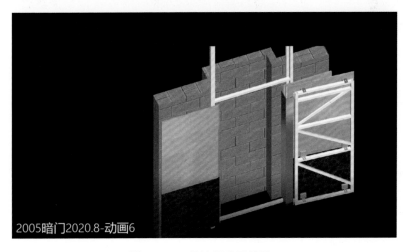

2005暗门2020.8-动画6

图 7-29 工艺演示动画截图 2

7.3.12 效果图

（1）工作内容。

① 用 3ds Max 进行三维建模。3ds Max 既可为主体建筑物和房间内的各种家具建模，也可为一些细化的小型物体建模，如室内的一些小摆件、表面不规则的或不要求精确尺寸的物体，它们只需在视觉上达到和谐，这

样可以大大缩短建模时间。

② 渲染输出。利用专业的效果图渲染软件 VR，进行材质和灯光的设定、渲染直至输出。

③ 对渲染结果做进一步加工。利用 Photoshop 等图形处理软件，对上面的渲染结果进行修饰。

a. 添加树木、车、船等。

b. 背景可在三维渲染时完成，但背景的透视效果应与点缀物（如人物、建筑物）的透视效果尽量一致，这样渲染后的装饰效果图才更真实。

c. 进一步强调整体效果，如色彩、比例等。

（2）工作目标。

① 阐述规划设计师的创意想法，协助进行室内装饰的成本核算、资源分析和室内空间分隔。

② 进行物理环境规划，协调解决装饰过程中的各种技术问题，优化装饰形象设计。

③ 帮助该领域人士了解所在行业的发展方向和新工艺，了解室内用品及成套设施配置情况等。

（3）工作意义。

通过 3D 效果图制作软件，将创意构思进行形象化再现，从而加强设计师与观者之间的沟通。3D 效果图通过真实地再现设计师的创意、物体造型和材料，使人们更清楚地了解设计的各项性能。

（4）注意要点。

① 在制作模型的过程中做到多检查、多渲染。检查指的是检查尺寸比例、模型搭配，避免出现效果图模型制作方面的问题，如：模型比例及尺寸与实际尺寸不符合，整体模型搭配不协调，因布尔运算过多导致模型制作过程中出现漏面、破面等问题。

② 在后期制作过程中，要多观察、多调色，用固定尺寸做参考来调整贴图（如门、窗、组合柜等贴图）大小，避免出现因后期渲染图灯光调节不到位而明暗不均或过明、过暗等情况，也要避免室内植物、电器、人物尺寸比例不准确等非模型制作问题。

图 7-30～图 7-31 为本案例的效果图截图。

图 7-30　效果图截图 1

图 7-31　效果图截图 2

7.3.13 专项 BIM 应用报告

（1）工作内容：完成装饰专项深化设计报告。

（2）工作目标：形成最终的装饰设计成果汇编文档。

（3）工作意义：用于现场的技术交底和成果存档。

（4）注意要点。

① 模型情况分析需要先说明精装 BIM 模型的整体情况，包括模型的平面图和三维图；再分析专业模型整合情况，包含 BIM 模型平面图和专业综合三维视图；最后再分区域分析专业模型整合情况。

② 各区域碰撞分析检测说明必须包含此处的基本情况、位置、注意要点等，并配一张平面图，将碰撞位置用红色标记出来，再配一张碰撞区域三维图和剖面图，剖面图需要标记出最低点到地面的高度。

图 7-32～图 7-34 为 BIM 应用报告中涉及的相关图纸。

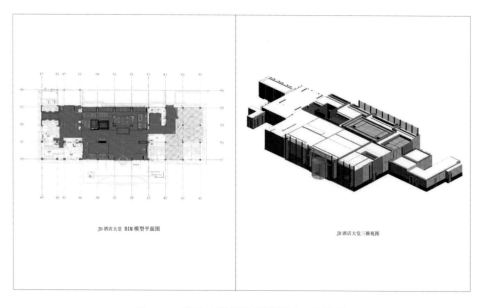

JD 酒店大堂 BIM 模型平面图　　　　　　JD 酒店大堂三维视图

图 7-32　酒店大堂模型平面图及三维视图

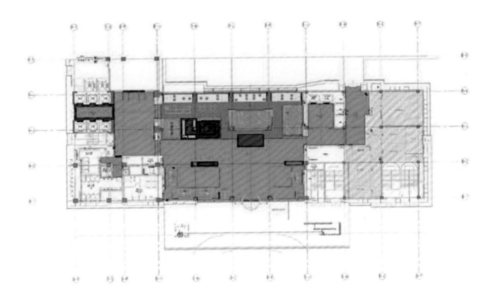

JD 酒店大堂 BIM 模型平面图

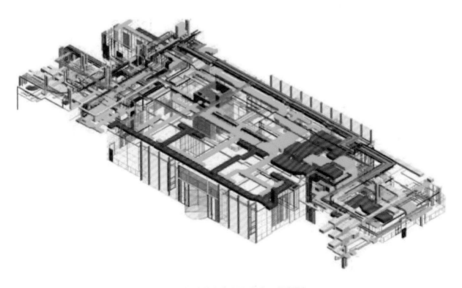

JD 酒店大堂专业综合三维视图

图 7-33　酒店大堂模型平面图及专业综合三维视图

6、大堂 A 区专业碰撞检测说明——（走道）

基本情况： 此区域位于 1F 走道 B-H, B-G 交 B-2, B-3 轴，消防管及风管过低影响后期装饰天花吊顶项具体见下图。

局部注意要点： 此区域管线最低净高为3250mm，此处灯槽部分装饰吊顶标高为3200。

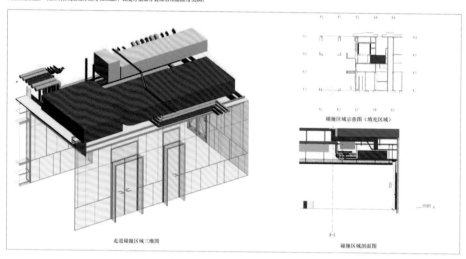

碰撞区域示意图（填充区域）

走道碰撞区域三维图

碰撞区域剖面图

图 7-34 碰撞检测说明示例

08

ArchiCAD 室内装饰
扩初设计案例解析

8.1 ArchiCAD 解决方案概述

ArchiCAD 是匈牙利 Graphisoft 公司于 1984 年首次发布的虚拟建筑设计软件。ArchiCAD 是按照建筑师的思维开发的，符合设计师的使用习惯，提供 2D 和 3D 绘图、图纸管理、可视化、模型信息管理等功能。ArchiCAD 在欧洲、日本等地区广泛应用于建筑设计及装饰设计领域。ArchiCAD 产品理念如图 8-1 所示。

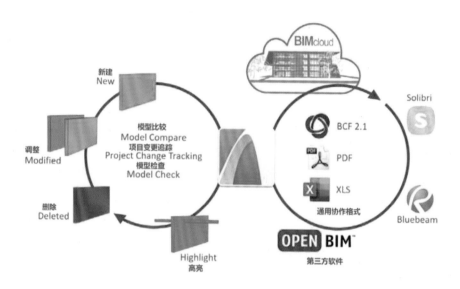

图 8-1　ArchiCAD 产品理念

8.1.1　ArchiCAD 的工作流程

在 ArchiCAD 中，绘图或建模的所有操作都是从"项目树状图"开始的。图层控制和其他的图形显示设置保存在"视图映射"中的视图里。

视图放在布图上，都放在"图册"里。这些布图可以通过"发布器集"批量处理成某种文档格式（如 PDF 或 DWG），或直接发送到打印机。

ArchiCAD 的工作流程对于项目团队中的所有成员都是非常重要的，有助于提高团队协作效率和工作成果质量。ArchiCAD 的工作流程见图 8-2。

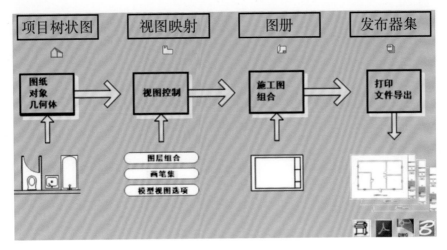

图 8-2　ArchiCAD 的工作流程

（1）项目树状图。

所有的项目图形信息都可以从项目树状图进入。所有的图形元素都按照当前的设置显示。

（2）视图映射。

视图映射里存放已经保存的视图。所有的图形显示设置都是预定义的，存储在视图属性里。视图映射里包括已经分配好的画笔集、图层组合和模型视图选项等。

（3）图册。

在图册里可以建立和管理布图。样板布图（图纸图签）也在这里保存和管理。

（4）发布器集。

发布器集用于打印、绘图和输出文档。在这里，可以进行批量打印和批量的文档格式转换。在"管理器"面板里可以进行建立和配置。与浏览器面板里的发布器集建立工具相比，管理器里的建立工具更好用一些。项目浏览器界面如图 8-3 所示。

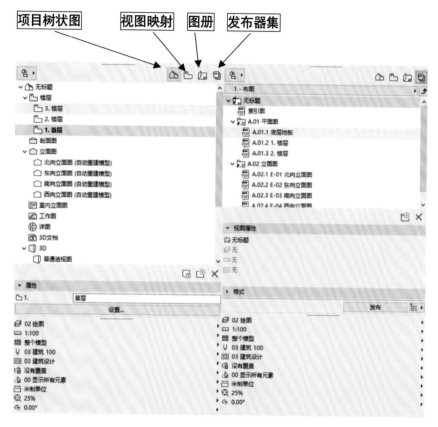

图 8-3　项目浏览器界面

8. 1. 2　ArchiCAD 的优势

ArchiCAD 软件提供了独一无二、基于 BIM 的施工文档解决方案，在数字化设计方面有其特有的一些优势。

（1）贴近设计师的工作习惯。ArchiCAD 与传统二维 CAD 一样有图层的概念。同时，ArchiCAD 的三维界面与 SketchUp 软件近似。相较于其他 BIM 软件，对 AutoCAD 和 SketchUp 设计师来说，项目树状图—视图映射—图册—发布器集的设计出图流程更容易理解和上手。

（2）软件轻量化。GDL（geometric description language，几何描述语言）使得构件小巧，文件轻便。多核处理器和 64 位系统进行性能优化时，对硬件配置要求较低。

（3）开放，兼容性好。在 OpenBIM 理念下，ArchiCAD 可以与众多设计软件进行交互，满足不同专业、不同软件的协同需要。

（4）出图表达效果丰富。与 AutoCAD 类似，ArchiCAD 具有图层和线型管理功能，便于固化出图标准，能够创建满足出图标准的成果。

（5）GDL 图库丰富。ArchiCAD 能够表达二维、三维参数化构件，在 2D、3D 状态可编辑热点，更加直观、实时地设计部件，还可以通过 API 二次开发，实现构件布置智能化，实现复杂的标准化设计逻辑。同时，GDL 对象可加密，保障企业知识产权。

（6）交互式清单。ArchiCAD 基于成熟、灵活、多样的 BIM 类别与信息管理，可录入多种信息属性，通过交互式清单实现丰富多样的工程量、数字化信息统计和应用。

基于 ArchiCAD 的数字化设计与出图工作流程，将极大提高设计师的出图效率，提高成果质量。如图 8-4 所示为基于 ArchiCAD 的数字化应用场景。

图 8-4　基于 ArchiCAD 的数字化应用场景

8.2　室内装饰扩初设计工作流程

室内装饰扩初设计工作，整体可划分为四个部分：① 设计方案；② 在 ArchiCAD、Revit、SketchUp 等软件中建立模型；③ 以 ArchiCAD 为平台，合并、导入其他软件模型；④ 在 ArchiCAD 中，把模型分层、分组整合出图。接下来，我们将以案例来介绍基于 ArchiCAD 进行室内装饰扩初设计的工作流程。

8.2.1　项目基本设置

新建一个 ArchiCAD 项目文件（图 8-5），选择模板（图 8-6），若没有企业模板，则需要先对 ArchiCAD 项目进行初始设置。

图 8-5　新建项目　　　　　　　　　　　　　　图 8-6　选择模板

企业项目模板开发，在多人协同情况下可保证标准统一。在 ArchiCAD 中开发模板，应考虑项目首选项、属性、信息管理、显示选项、项目结构、易用性及注释等方面的内容，如图 8-7 所示。

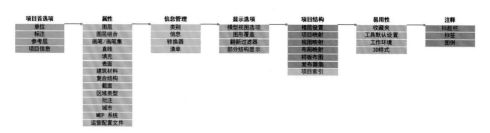

图 8-7　项目模板应考虑的内容

ArchiCAD 中的许多设置是相互依赖的，因此，需要仔细考虑模板开发的顺序。图 8-8 清晰表达了这些关系。

接下来将简要介绍部分项目模板设置流程。

1. 项目信息设置

在菜单栏执行文件→信息→项目信息操作，打开项目信息对话框（图 8-9）。输入当前打开项目的相关信息，如项目名称、项目创建时间、项目建设单位、项目设计单位、项目施工单位、项目地址等。定义的项目信息项在模型视图和布图中，都可以通过文本块的文本自动读取引用，提高数据协同能力。

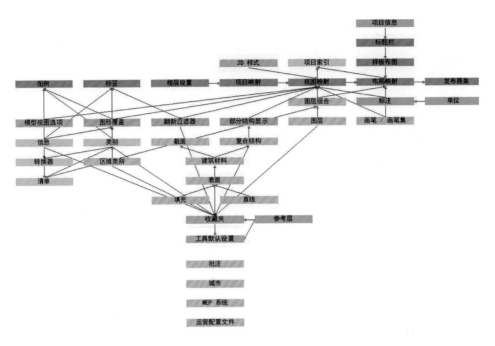

图 8-8　ArchiCAD 模板设置内容关系图

　　使用项目信息对话框右下角的导出按钮，可以将当前的项目信息数据另存为一个 XML 文件，加载到其他的 ArchiCAD 项目。尤其是在设置企业标准项目信息数据时，可节约工作时间。

图 8-9　项目信息设置

2. 工作单位设置

在输入数据时，工作单位会显示在对话框中（比如在追踪器或控制框中）。可在菜单栏执行选项→项目个性设置→工作单位操作，进入工作单位设置对话框（图 8-10）。

图 8-10　工作单位设置

3. 计算单位设置

计算单位影响着交互式清单中计算数值的单位。可在菜单栏执行选项→项目个性设置→计算单位 & 规则操作，进入设置对话框（图 8-11）。

图 8-11　计算单位设置

4. 楼层设置

可在浏览器或楼层文件夹的上下文菜单中进行楼层设置（图 8-12）。需要注意的是，如果删除了一个楼层，楼层中含有的所有以其作为始位楼层的元素也将被删除。

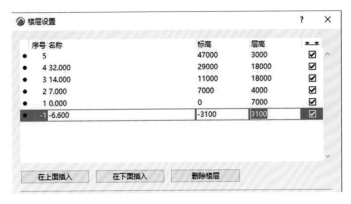

图 8-12　楼层设置

5. 创建图层和图层组合

ArchiCAD 中图层的概念与 AutoCAD 是类似的，在适当的图层绘制元素，该元素将具备相应图层的一些属性，再加上图层组合设置，可以在出图时实现所需的图层显示效果，方便、快捷。

在菜单栏执行文档→图层→图层设置操作（或按下 Ctrl＋L 快捷键），进入图层设置对话框（图 8-13）。创建好图层后，在图层面板左侧创建项目图层组合，便于不同的图纸选用。

在图层设置对话框，按需要设置单个图层状态（锁定/解锁、显示/隐藏、实体/线框），使用排序与选择命令同时设置几个图层的状态，点击新建按钮（图层组合列表的下方），创建新的图层组合。

6. 图形覆盖设置

使用图形覆盖可将一个预定义的外观（如颜色、填充类型等），通过视图应用到模型元素，可以快速传递设计信息。比如在平面图、立面图、剖面图中，图形覆盖可以对不同类型的构件剪切面应用不同的填充类型，更易于区分。

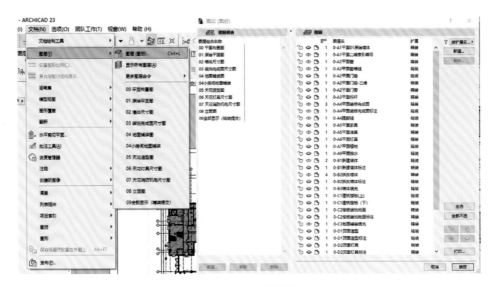

图 8-13　图层管理

在菜单栏执行文档→图形覆盖→图形覆盖组合操作，在弹出的图形覆盖组合对话框中，选择"所有的剪切面填充-透明的，无皮肤分隔符"，点击"编辑规则"按钮，完成设置（图 8-14）。

图 8-14　图形覆盖组合

7. 导入参照模型

ArchiCAD 支持多种模型文件格式，可导入土建、机电等专业的模型作为装饰专业建模参照，例如 Rhino 模型、SketchUp 模型、Revit 模型（支持 IFC 格式）。本案例参照模型选集见图 8-15。

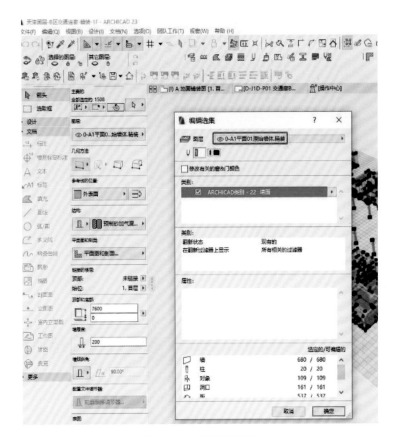

图 8-15 参照模型选集

如果项目已有 DWG 格式的成果文件，希望可以作为设计建模的参照，可以通过三种方式将其导入 ArchiCAD 项目。

（1）附加 Xref（图 8-16）。可以将 DWG 或 DXF 文件附加到平面图或详图中，捕捉到 2D 图形元素，用来打印或者作为参照（底图）来绘制模型，提高建模效率和准确性（图 8-17）。

（2）放置外部图形。该方法主要用于 PDF 格式或图片格式的参照文件，可以按比例进行缩放。

以上两种方式，都可以随时更新和分离文件，比较节省磁盘空间和工作时间。

（3）合并。在工作图中，将 DWG 文件合并为 ArchiCAD 中原生的 2D 元素。该 DWG 文件既可以作为图纸的 2D 元素使用，也可以作为底图使用（图 8-18）。

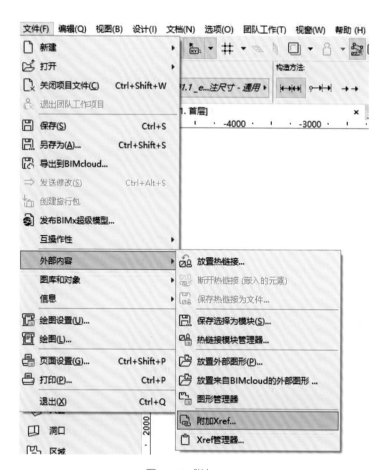

图 8-16 附加 Xref

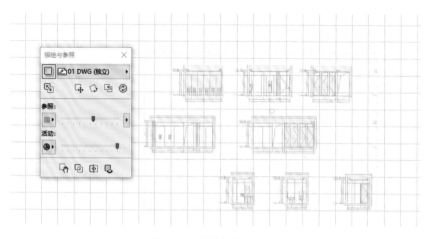

图 8-17 描绘与参照界面

图 8-18　合并、描绘与参照

8. 绘制轴网

在 ArchiCAD 中绘制轴网有两种方式：一是从菜单栏打开轴网系统设置对话框，自定义轴网系统（图 8-19）；二是使用工具箱中的工具来绘制单个轴线，通过复制、编辑等操作绘成整个轴网。

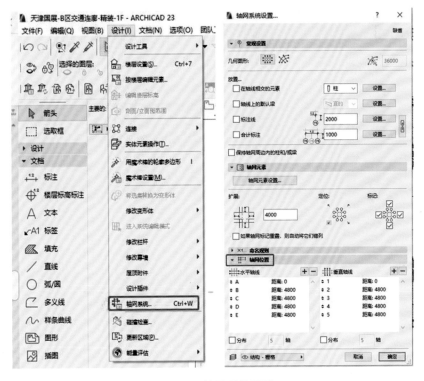

图 8-19　轴网系统设置

9. 设置建筑材料

在 ArchiCAD 中，建筑材料是一个"超级属性"，是通过填充、画笔（前景/背景）、交叉优先级、填充方向（若用于复合或复杂元素，需定义此属性）、表面材质、分类和属性（包括物理属性）等进行定义的属性，关系到图纸的填充、材质标签表达、工程量清单的提取以及可视化表达。可在菜单栏中执行选项 → 元素属性 → 建筑材料操作，来编辑建筑材料（图 8-20）。

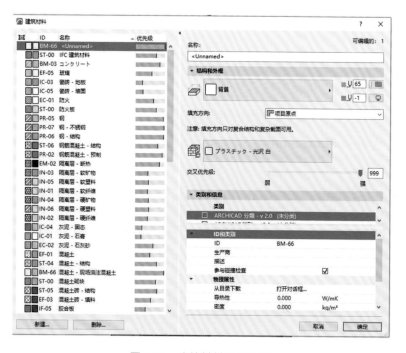

图 8-20 建筑材料设置界面

表面材质的创建或修改可以在如图 8-21 所示的对话框中进行（选项→元素属性→表面材质）。表面材质包括颜色、材质贴图和光效。表面材质可以在 3D 窗口、剖面图/立面图/室内立面图和 3D 文档窗口及照片渲染中显示。材质贴图是可以分配给表面材质并让其外观和感觉更逼真的图片文件。这些材质可在照片渲染以及使用 OpenGL 引擎的 3D 窗口中显示。

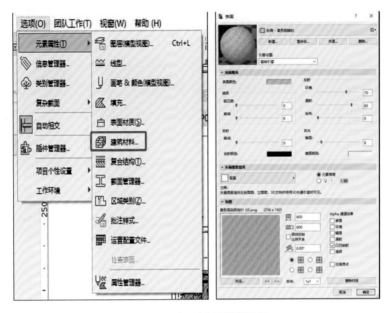

图 8-21　表面材质设置界面

8.2.2　部署 BIMcloud 协同平台

Graphisoft BIMcloud 协同平台让远程团队能够一起工作并同步处理大型项目文件，团队成员可以在任何地点登录并工作。BIMcloud 协同工作界面如图 8-22 所示。

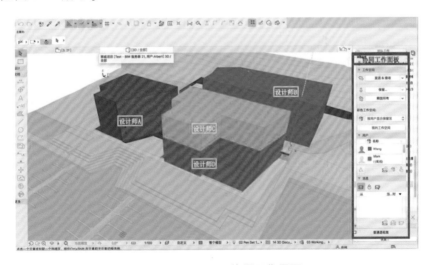

图 8-22　BIMcloud 协同工作界面

最基础的免费的 BIMcloud Basic 版本包含 BIMcloud 管理器和 BIMcloud 服务器。管理员使用公用服务器，安装 BIMcloud 服务器和管理器，在局域网中共享项目。图 8-23 即为 BIMcloud 管理员设置界面。项目参与者只需在 ArchiCAD 中使用管理员提供的服务器地址及登录账号和密码，即可加入共享项目进行协同工作，实现多人云协同工作，获取模型、清单等权限管理，以实时同步工作，提高整体工作效率。

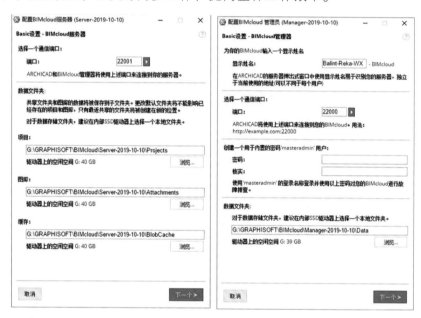

图 8-23　BIMcloud 管理员设置界面

BIMcloud 管理器是一个基于浏览器页面的管理器。服务器管理者启动任意一台计算机上的 web 浏览器，输入 BIMcloud 地址并登录，即可进行用户配置、角色管理和权限分配。如图 8-24 所示为 BIMcloud 主管理员界面。

普通用户只需要通过 ArchiCAD 程序启动页，或在菜单栏执行团队工作→项目→打开/加入团队工作项目操作，即可进入协作项目（图 8-25）。

图 8-24　BIMcloud 主管理员界面

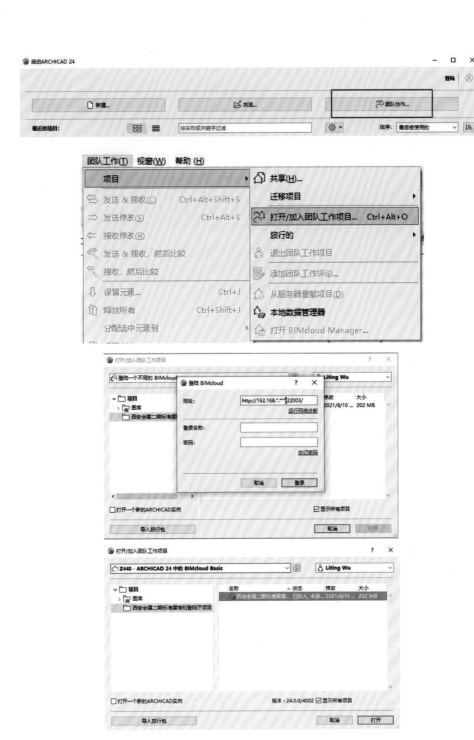

图 8-25　加入团队协作项目

管理员可以任意分配拥有的元素给其他用户，即使此用户没有请求它们。团队成员要修改或删除元素，或者修改相关属性或其他数据，必须首先保留它，即获得相关编辑权限（图8-26）。编辑完成后及时释放元素，可方便其他成员继续编辑。

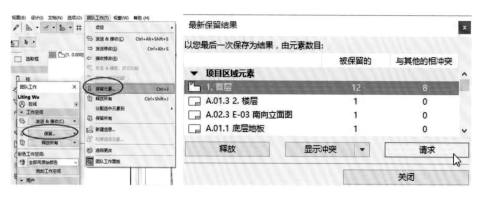

图 8-26　保留元素

8.2.3　建立装饰模型

1. 区域

区域通常可代表房间、建筑的投影、住宅建筑的分块、建筑的功能区。在3D视图中查看区域空间：视图→3D视图中的元素→3D视图中的过滤器和剪切元素→确保已选中"区域"复选框。使用"区域设置"的"模型面板"可以为3D区域选择表面材质。图8-27为区域工具箱。

创建"区域"，轮廓高度和外围包含所有对应空间的构件，通过与装饰构件形成碰撞关系，以便按区域提取工程量清单（图8-28）。区域设置一定的顶部和底部标高，还可用颜色进行区分。

基于前述导入的DWG文件2D元素，可以利用魔术棒工具快速提取平面完成面、线的闭合轮廓，创建地面、墙面、天花区域（图8-29）。（魔术棒工具可以通过自动查找和描绘现有元素中的一个线型或多边形形状，再产生一个基于多边形的新元素。）

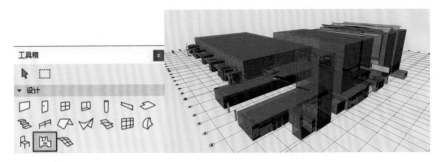

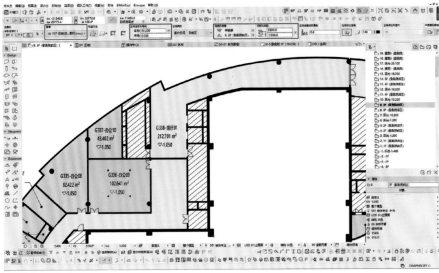

图 8-27   区域工具箱

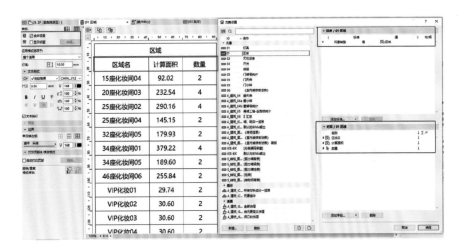

图 8-28   按区域提取工程量清单

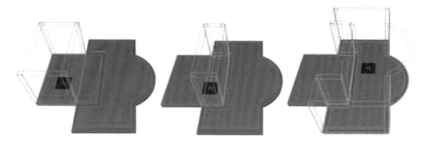

图 8-29　使用魔术棒工具绘制区域

2. 地面

装饰地板、门槛石用"板"工具进行绘制。激活板工具，设置始位楼层、厚度、结构类型、建筑材料、参考平面及图层等参数，完成后点击"确定"按钮（图 8-30）。

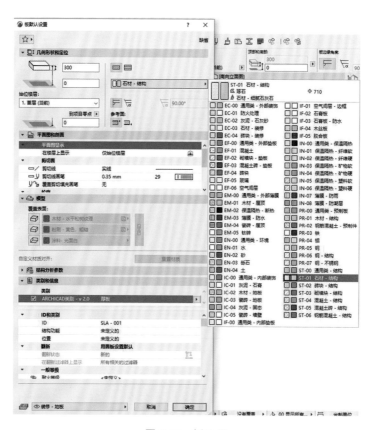

图 8-30　板工具

3. 墙面

使用墙工具可绘制墙面、踢脚线等装饰构件，选择对应的图层，设置统一的"参考线"为"外表面"（绘制时，参考线与图纸轮廓线重合，便于提取外表面面积和参考线长度），选择与图纸对应的"建筑材料"，设置所在楼层、底部相对楼层的高度、顶部高度、墙厚度，即可进行绘制，也可在绘制完成后再修改设置（图8-31）。

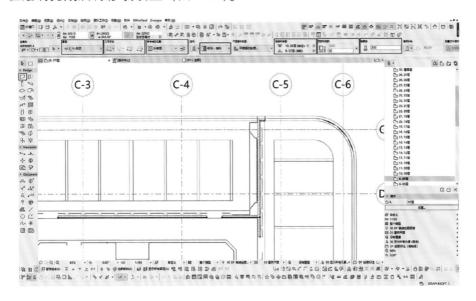

图 8-31　墙工具

4. 石材/瓷砖

根据精装修图纸设置墙面分割规则、厚度、材质等参数，并在平面中绘制，绘制好后把其归类到相应的图层，以便控制。块状立面可使用幕墙工具绘制，设定板块大小和间距等信息，可快速生成参数化构件，并便于修改调整（图8-32、图8-33）。

5. 门和窗

在 ArchiCAD 中，门和窗的外观和性能都是模拟实际生活中的门和窗，它们始终与墙元素保持关联。

窗或门的几何图形是通过包括在图库部件内的信息定义的。

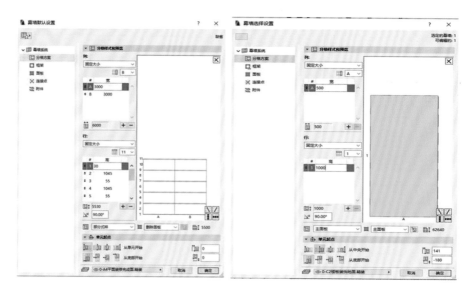

图 8-32　幕墙工具分格方案

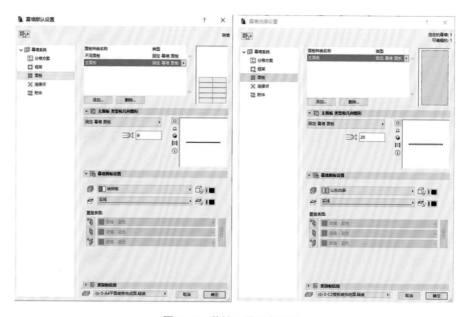

图 8-33　幕墙工具面板设置

　　激活门或窗工具，双击打开设置对话框，图库中选择门或窗的基础类型，设置门或窗的基本参数，如宽、高、底部标高，如图 8-34、图 8-35 所示。

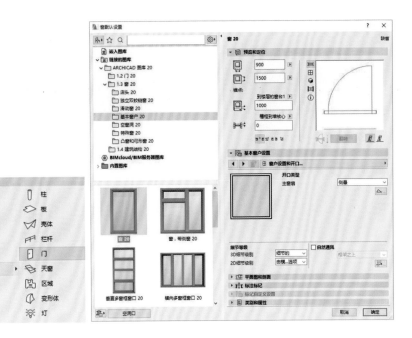

图 8-34 门、窗工具

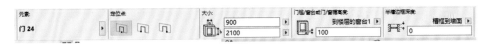

图 8-35 门参数设置

选择一个门或窗，打开门或窗的设置对话框，可以按需要调整门或窗的参数，也可以从加载的图库里选择其他所需的门或窗样式进行替换（图 8-36）。

6. 踢脚线

根据装饰踢脚线节点大样图，在截面管理器中绘制踢脚线轮廓，使用墙工具调出绘制好的踢脚线，并把绘制好的踢脚线归类到相应的图层中，以便控制（图 8-37）。

7. 天花

（1）应用工具箱中的板工具绘制天花。在工具箱中，选择板工具，打开设置对话框，设置板的厚度、距地高度、基本结构、材质以及图层，运用魔术棒、多边形或几何方法等方式均可进行绘制（图 8-38）。

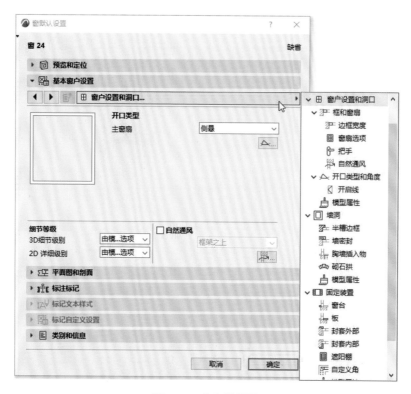

图 8-36　窗参数设置

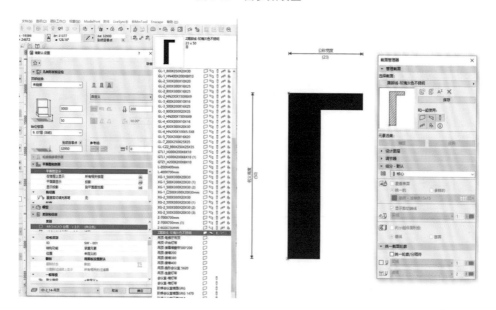

图 8-37　绘制踢脚线

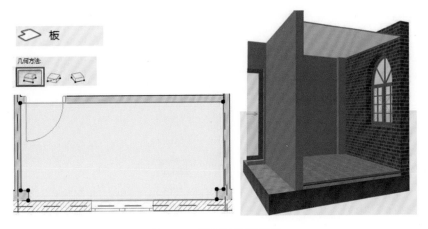

图 8-38 板工具绘制天花

（2）运用复杂截面绘制灯槽。激活墙工具，运用 "Ctrl＋T" 快捷键打开设置对话框，选择 "复杂截面"，将 "平面图和剖面" 选项下的平面图显示设置为 "带顶部投影"，并将图层归类（图 8-39）。

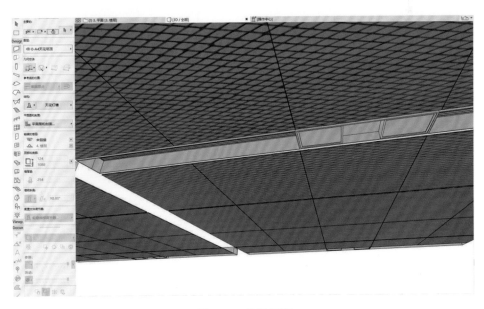

图 8-39 绘制灯槽

8. 家具

激活对象工具，在图库中选择需要的家具模型，在平面或者 3D 视图中放置家具对象（图 8-40、图 8-41）。

图 8-40 对象工具

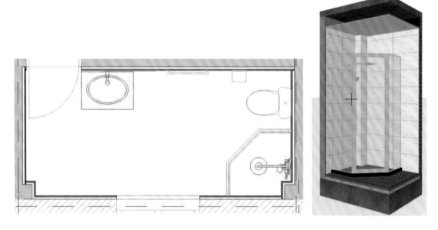

图 8-41 绘制对象

8.2.4 互操作性

(1)导入 SketchUp、Rhino 等模型文件。

SketchUp、Rhino 软件的原生格式文件可直接导入 ArchiCAD,在 ArchiCAD 中进行合并操作(图 8-42)。

(2)ArchiCAD 与 Grasshopper 联动。

ArchiCAD 可与 Rhino 或 Grasshopper 联动,进行参数化建模或添加属性(图 8-43)。

图 8-42　合并操作

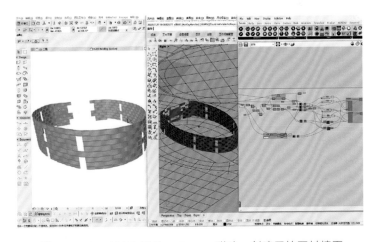

图 8-43　**ArchiCAD** 与 **Grasshopper** 联动，创建干挂石材墙面

8.2.5 检查模型质量

（1）3D 浏览。

使用视图左下方的 3D 浏览命令，可在模型内部进行模拟漫游，方便检查模型，及时发现问题进行修改（图 8-44）。

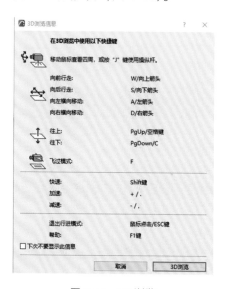

图 8-44　3D 浏览

（2）图形覆盖。

有时，我们需要批量调整图纸的颜色，如果使用画笔集来设置构件的线型、颜色，则需要在每种元素的属性中进行设置，效率不高。这时候，可以通过图形覆盖规则来达到批量化修改出图显示效果的目的（图 8-45）。

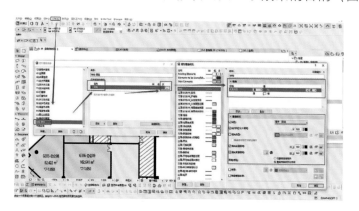

图 8-45　图形覆盖

图形覆盖规则还可以用于检查模型元素，例如用蓝色显示所有新建墙体。图形覆盖设置如图 8-46 所示。

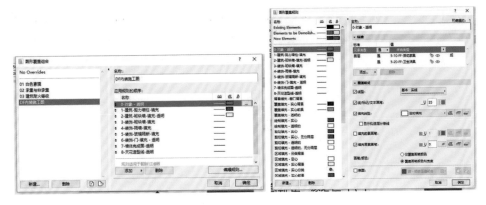

图 8-46　图形覆盖设置

（3）碰撞检查。

碰撞检查就是检查任意两组元素之间是否有碰撞关系。在菜单栏执行设计→模型检查→碰撞检查操作，进入碰撞检查对话框，可以定义想要选中的两组 3D 元素的过滤规则和碰撞条件。碰撞检查设置和报告分别如图 8-47 和图 8-48 所示。

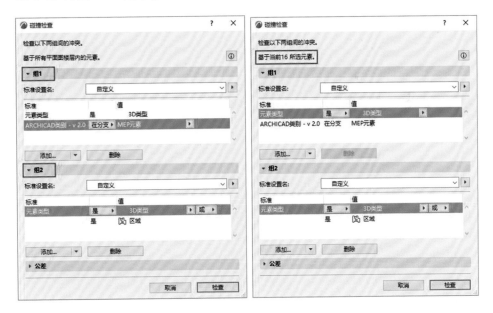

图 8-47　碰撞检查设置

图 8-48　碰撞检查报告

8.2.6　生成扩初图纸

在 ArchiCAD 中，生成图纸即创建视图。若想创建新的视图，则需要打开一个项目窗口（平面图、剖面图/立面图/室内立面图、3D 文档、详图、工作图、交互式清单或列表），按需要调整视图设置，并保存。保存视图时将保存下列设置：图层组合、结构显示、画笔集、模型视图选项、图形覆盖、翻新过滤器、水平剪切平面设置、标注、缩放等（图 8-49）。

图 8-49　保存视图

（1）平面图。

在视图底部选择适合的比例，并切换平面布置图的图层组合，其他平面图可以此方式分别切换到相应图纸的图层组合，并在项目树状图的楼层中选择相应的楼层，单击鼠标右键保存当前视图，并为图纸命名，这样图纸就保存到了视图映射面板中（图 8-50）。

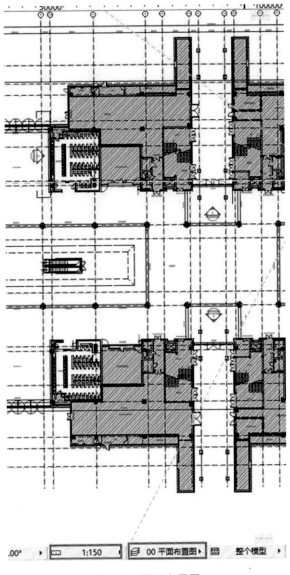

图 8-50　平面布置图

（2）标注、标签。

在平面图中使用文档选项下的标注工具绘制尺寸，使用标签工具在图纸中引出材质标签（图 8-51）。

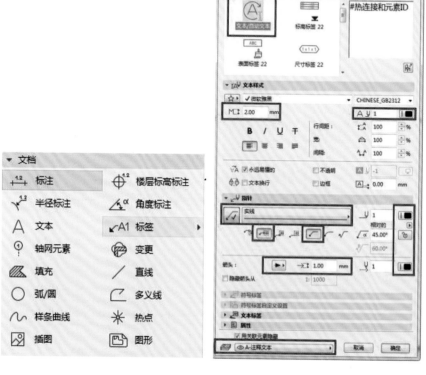

图 8-51　标注、标签工具

（3）室内立面图。

生成室内立面图的操作类似于剖面图和规则的立面图：① 选择一种输入方法；② 定义视图及其限制；③ 放置一个有自定义标记参考信息的标记。每个室内立面图在浏览器项目树状图中都是一个独立的视点。

在文档选项下，选择室内立面图工具，打开室内立面图默认设置对话框，进行参数设置（图 8-52）。在平面中绘制室内立面图之后，选择浏览器项目树状图中的室内立面图，即可设置室内立面图（图 8-53）。

设置剪切元素和未剪切元素等，这个步骤将直接影响后期出图效果。剪切元素设置及设置后的立面图分别如图 8-54 和图 8-55 所示。

图 8-52 室内立面图参数设置

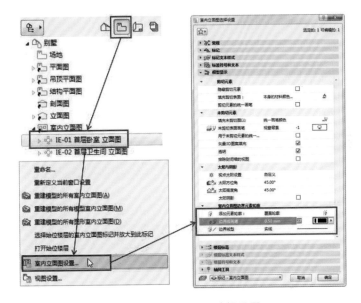

图 8-53 室内立面图选择设置

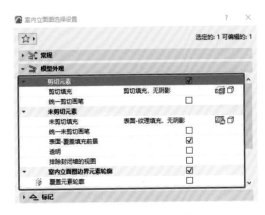

图 8-54 剪切元素设置

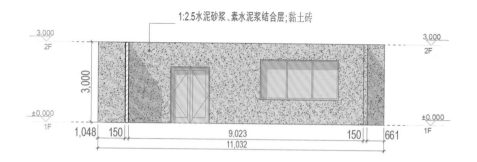

1:2.5水泥砂浆、素水泥浆结合层;黏土砖

图 8-55　剪切元素设置后的立面图

（4）剖面图。

在平面图中使用剖面图工具（图 8-56）绘制剖面，设置剖面图 ID，自动生成对应的立面图。

打开剖面图，修改图层组合和图形覆盖组合，确保剖面显示正确。

激活尺寸工具，选择绘制方式，对剖面图进行尺寸标注。激活标签工具，使用自动文本创建剖面的材质标签。

创建剖面图及节点图，针对局部细节（灯带节点等不方便表达）补充三维视图（图 8-57），做到二维与三维的结合，方便使用者通过透视图直观理解节点做法。

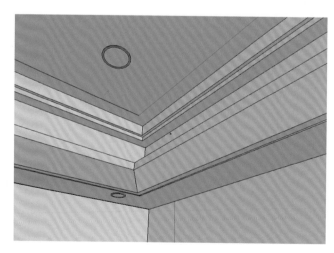

图 8-56　剖面图工具　　　　　图 8-57　灯带节点三维视图

8.2.7 布图

(1) 样板布图。

在图册面板中，新建样板布图，并设置相应的图幅大小（图8-58、图8-59）。

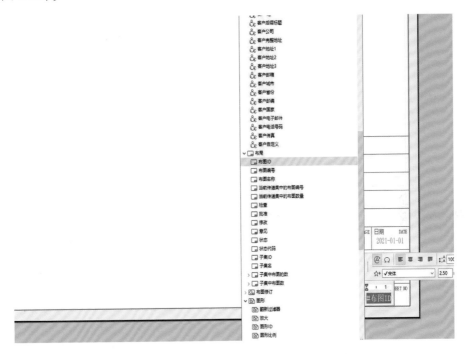

图 8-58 样板布图

在新建的布图面板中导入公司原有的相应大小和图框（DWG格式），制作公司图纸图框，并可使用同样的操作，通过样板布图制作图纸封面。

(2) 新建布图。

新建布图，在创建新布图中输入布图名称并选择创建好的样板布图（图框），把视图映射面板中的图纸拖入创建好的布图中，即可完成图纸布图（图8-60）。

(3) 交互式清单。

清单方案设置标准为板类型，且图层名包含"地"，以便过滤所有图层名包含"地"的板类型构件（图8-61）。清单提取这些构件所在的碰撞区域（所在空间）、建筑材料、厚度、面积、数量（便于检查模型）、图层，便于

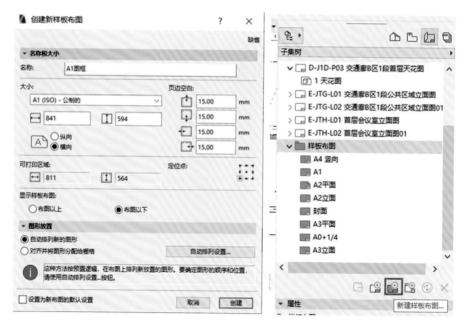

图 8-59 样板布图设置

图 8-60 新建布图

装饰工程数字化设计与应用

与工程量清单对量（图8-62）。同时提取目标值（如混凝土等级、墙高、厚度等），为后续算量人员提供计量依据，方便套取不同定额，提高算量的准确度。

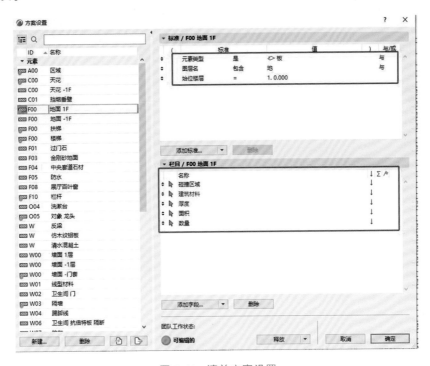

图 8-61　清单方案设置

F00 地面 -1F				
碰撞区域	建筑材料	厚度	面积	数量
-1F管理	CA-2101 地毯	0.02	103.46	1
-1F管理; 地下入口	ST-1101 石材 过门石	0.02	1.10	2
地下电梯厅	ST-1101 石材	0.02	43.89	2
地下电梯厅	ST-1101 石材 过门石	0.02	2.34	6
地下电梯厅; 地下入口	ST-1101 石材 过门石	0.02	1.24	2
地下入口	ST-2101 石材	0.02	580.59	14
地下入口	ST-1101 石材	0.02	375.75	18
地下入口	ST-1101 石材 过门石	0.02	5.75	13
地下入口; 前室	ST-1101 石材 过门石	0.02	2.85	3
地下卫生间	00-防水	0.01	103.53	10
地下卫生间	ST-1103 石材	0.02	85.19	5
地下卫生间	ST-1103 深灰色水磨石 (蹲便)	0.02	18.35	5
地下卫生间	ST-1101 石材 过门石	0.02	0.69	3
地下卫生间; 前室	ST-1101 石材 过门石	0.02	0.64	2
前室	ST-2101 石材	0.02	296.02	3
前室	ST-1101 石材 过门石	0.02	6.45	10
前室; 走道	ST-1101 石材 过门石	0.02	5.22	6
中庭	ST-2101 石材	0.02	361.74	4
中庭	ST-1101 石材	0.02	135.18	14
走道	ST-2101 石材	0.02	612.66	1
走道	ST-1101 石材 过门石	0.02	2.34	6

图 8-62　清单

ArchiCAD 中的清单项目与 2D、3D 视图是一一对应的，选择清单中的一项工程量，即可跳转至 2D 或 3D 视图中对应清单数量的模型构件，便于对量或检查模型质量（图 8-63）。

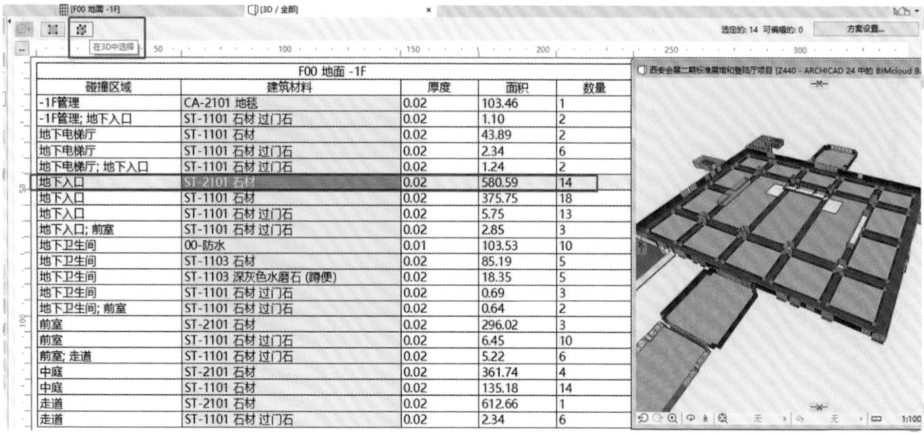

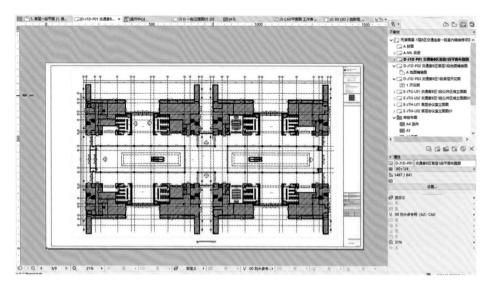

图 8-63　从清单跳转至 3D 视图

（4）导出图纸。

在发布器集中，设置好输出格式（DWG、PDF 等格式），点击发布即可批量导出图纸（图 8-64）。

图 8-64　导出图纸

8.2.8 BIMx 超级模型

在模型完成后，执行文件→发布 BIMx 超级模型操作，可以发布 BIMx 超级模型。这是 ArchiCAD 自有的轻量化模型文件格式，可以通过 PC 端或移动端（iOS、Android）BIMx 应用打开模型，交互式查看模型和图纸（图 8-65）。BIMx 应用具备缩放、旋转、剖切、漫游功能，支持图纸与模型一体化展示，还可以进行移动端二次开发，拓展应用场景（图 8-66）。

图 8-65　移动端查看模型与剖切模型

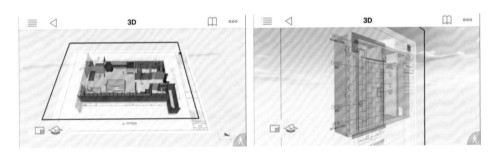

图 8-66　BIMx 图纸与模型一体化展示

除了可用于浏览漫游动画，BIMx 应用还可以在漫游过程中显示构件信息、测量尺寸和距离、显示图纸文档等，并支持即时交互功能，方便设计师实时反馈变更的信息，与相关人员基于模型进行沟通和交流，使用门槛低，体验感好（图 8-67）。

图 8-67　移动端查看构件信息与测距

装饰工程数字化设计与应用

附　　录

类型	定义	分类举例
样板	案例中许多文件、视图、图纸等被当成范本，这些具有代表性、通用性的标准等即可称为样板。样板文件是一个系统性文件，主要来源于工程中的日积月累	项目文件夹结构样板 图层样板 BIM 属性样板 出量样板 出图样板 绘图界面设置样板
材质库	材质库指以建筑装饰行业常用材质为基础，进行分类、存档的数字化资产库，在项目进行时可以便捷调用，辅助信息化模型的建构，同时材质库也可作为可视化及装饰设计的辅助参考，在项目中和项目完成后，也可对材质库进行补充、修改、优化后使用	渲染材质：渲染材质即信息模型在可视化方面的表现材质，在虚拟环境中模拟物体真实的物理性质 物理材质：具有参数化信息的材质属性，物理材质包括识别信息、外观和属性信息
构造库	构造库是由构件库中的零件或具备一定构造层次的构造组成。构造库要素组成包括构件组成和构造节点	以内装为例，构造库模型可大致分为楼地面工程、墙柱面工程、吊顶工程以及其他工程（此处不作赘述）。公司可根据需求自行分类，方便后期调用
构件库	建筑装饰行业所说的构件即 BIM 构件。BIM 构件可以理解为在多个模型中重复使用的个体图元，如门、家具、幕墙面板、楼梯、柱、墙等，用户可以将 BIM 构件通过插入、移动和旋转等操作放置到所需位置。构件库是针对一系列构件的集合文件库，对构件进行了科学的分类与解释，能够快速地定位与复用，传播性与复用性强	以内装为例，构件库可分为室内构造、设备、灯具、家具等（此处不作赘述）。公司可根据需求自行分类，方便后期调用

类型	定义	分类举例
脚本	在广义上，脚本是一系列预演动作的规则，如电影脚本、动画脚本等。在狭义上，站在编程的角度，脚本是指使用一种特定的描述性语言，依据一定的格式编写的可执行性文件	脚本分为可视化脚本和非可视化脚本。可视化脚本包括 Grasshopper 脚本、Dynamo 脚本、ue4 蓝图等，非可视化脚本包括 Python、VB、C♯等。而在一些软件中，脚本是介于插件和命令之间的存在

附表 2   文件夹结构表

		一级目录	二级目录
BIM 项目名称	项目 1	01. 模型文件（项目各专业 BIM 文件）	01 建筑专业 02 结构专业 03 安装专业 04 装饰专业 05 其他专业
		02. 工作文件（项目各专业工作文件）	01 建筑模型 02 结构模型 03 安装模型 04 装饰模型 05 其他专业模型 06 相关演示模型
		03. 数字资产（适用于项目全流程的数字资产）	01 样板库 02 材质库 03 构造库 04 构件库 05 脚本库
		04. 成果文件（共享或交付的 BIM 成果）	
		05. 参考资料（BIM 技术成果应用）	

		一级目录	二级目录
BIM 项目名称	项目1	06. 往来函件（项目实施过程中外部和内部往来函件等）	
		07. 项目管理（工程合同、工程概况、工期计划、材料计划、人员计划、资金计划、成本计划、质量策划、安全策划、工程指令、会议纪要、技术方案、检查评比、工程验收等）	
	项目2		

附表3　出图设置规范

类型	图层群组	符号	名称	线型	颜色
模型与图纸图形图层命名及颜色设置	天花	CEILING	天花装饰层	0.20	R：240；G：230；B：140
		CEILING_PT	天花综合点位	0.10	R：255；G：255；B：0
		CEILING_AR	天花基层	0.40	R：244；G：164；B：96
		CEILING_LSK	天花轻钢龙骨系统	0.13	R：176；G：196；B：222
		CEILING_SFC	天花钢架转换层	0.13	R：70；G：130；B：180

类型	图层群组	符号	名称	线型	颜色
模型与图纸图形图层命名及颜色设置	地面	FLOOR	地面装饰层	0.20	R：189；G：252；B：201
		FLOOR _ PT	地面末端点位	0.10	R：0；G：255；B：255
		FLOOR _ AR	地面基层	0.40	R：176；G：224；B：230
		FLOOR _ FUR	地面活动家私	0.08	R：255；G：210；B：0
	墙面	WALL	墙面装饰层	0.20	R：255；G：192；B：203
		WALL _ PT	墙面末端点位	0.10	R：255；G：0；B：255
		WALL _ AR	墙面基层	0.40	R：218；G：112；B：214
		WALL _ LSK	墙面龙骨系统	0.13	R：153；G：51；B：250
		WALL _ FUR	墙面固定家私	0.13	R：135；G：206；B：250
		WALL _ DR	墙面装饰门	0.08	R：250；G：128；B：114

类型	图层群组	符号	名称	线型	颜色
图纸标注图层命名及颜色设置	装饰	CEILING _ LIGHT _ DIM	天花灯具定位	0.08	R: 0; G: 112; B: 149
		CEILING _ DIM	天花定位标注	0.08	R: 0; G: 112; B: 149
		CEILING _ NO	天花材料编号	0.08	R: 46; G: 184; B: 0
		CEILING _ TEXT	天花材料名称	0.08	R: 46; G: 184; B: 0
		FLOOR _ DIM	地面放线	0.08	R: 0; G: 112; B: 149
		FLOOR _ TEXT	地面材质名称	0.08	R: 46; G: 184; B: 0
	家具	FUR _ NO	平面家具编号	0.08	R: 46; G: 184; B: 0
		FUR _ TEXT	平面家具名称	0.08	R: 46; G: 184; B: 0
	建筑	AR _ DIM	建筑轮廓标注	0.08	R: 0; G: 112; B: 149
	其他	INDEX	索引图框	0.20	R: 255; G: 255; B: 0
		DIM	尺寸标注	0.05	R: 0; G: 112; B: 149
		TEXT	文字	0.08	R: 46; G: 184; B: 0

一级目录	二级目录	三级目录
材质	木材	实木、层木、木地板、其他、通用
	石材	大理石、瓷砖、仿古砖、拼花地砖、水泥砖、花砖、六角砖、马赛克、混凝土、水泥、水磨石、花岗岩、墙砖、毛石墙、文化石、皮纹砖、木纹砖、火烧石、透光石、天然花岗石板材、天然大理石板材、青石板材、人造饰面石材、其他、通用
	涂料	乳胶漆、艺术漆、硅藻泥、石膏、油漆、烤漆、地坪漆、钢琴漆、车漆、其他、模板
	布料	亚麻布、绒布、丝绸、纱帘、灯罩、棉布、毛线、蕾丝、其他、通用
	地毯	普通地毯、动物地毯、其他、通用物理材质、通用
	墙纸墙布	墙纸、墙布、其他、通用
	皮革	人造皮、牛皮、翻毛皮、其他、通用物理材质、通用
	金属	不锈钢、金、银、铜、铁、铝、花纹板、铝扣板、穿孔板、铁丝网、其他、通用
	玻璃	普通玻璃、磨砂玻璃、彩色玻璃、镜面玻璃、夹丝玻璃、屏幕、其他、通用
	陶瓷	普通陶瓷、其他、通用
	塑料	普通塑料、亚克力、地胶板、泡沫、橡胶、其他、通用
	半透明	钻石、宝石、玉石、水晶、其他、通用
	其他材质	纸制品、植物、户外液体、食物、皮肤、外景、其他、通用
	物理材质	通用物理材质、详细物理材质

附表 5　构造库文件分类

一级目录	二级目录	三级目录	内容注释
构造（以内装为例）	楼地面工程	石材细部构造	室内普通楼地面石材施工示意图、室内厨卫楼地面石材施工示意图等
		铺地毯工程细部构造	楼地面地毯与踢脚线收口示意图、架空地板施工示意图等
		木地板细部构造	实木地板铺装示意图、楼梯地面与木饰板饰面示意图等
		地胶板细部构造	楼地面地胶板施工示意图等
		卫生间同层排水细部构造	防水基层示意图等
	墙柱面工程	石材饰面细部构造	石材灌浆施工示意图、石材干挂法施工示意图等
		木饰面细部构造	墙面木饰面安装示意图、墙面木挂板做法示意图等
		涂饰饰面细部构造	轻钢龙骨隔墙壁纸施工示意图等
		瓷砖饰面细部构造	墙面瓷砖阴阳角收口示意图
		特殊饰面细部构造	镜子玻璃安装示意图、墙面石材玻璃木饰面交接示意图等
		墙面与顶棚交界面细部构造	墙面石材与石膏板顶棚收口示意图等
		隔墙细部构造	地面隔墙施工示意图
	吊顶工程	吊顶细部构造	吊灯安装示意图、阴角槽施工示意图等
	其他工程	其他细部构造	铝板幕墙示意图、层间铝板施工示意图等

一级目录	二级目录	三级目录	内容注释
构件（以内装为例）	室内构造	地面装饰构造	标准饰面砖、非标准饰面砖、波导线、地面拼花等
		墙面装饰构造	各类饰面板、幕墙构造、门窗装饰构造、墙面造型等
		顶棚装饰构造	板块式吊顶、格栅式吊顶、装饰线条等
		空间装饰构造	现场定制木家具、隔墙与隔断构造、柱子与楼梯构造等
	设备	厨房设备	烹饪加热设备、处理加工类设备、消毒和清洗加工类设备、常温和低温储存设备等
		卫生间设备	便器、洗浴器、洗面器等
		系统集成设备	主要为弱电系统设备
		其余设备	除以上三种外其余设备，如电梯设备
	灯具	*	吊灯、吸顶灯、落地灯、壁灯、台灯、筒灯、射灯
	家具	活动家具	可移动家具（有商标、品牌、制造商等信息）
		固定家具	不可移动家具（有商标、品牌、制造商等信息）
	室内陈设	陈设品	室内织物、装饰工艺品、字画、家用电器、盆景、插花、挂物等
		软装饰	窗帘、地毯、织物等
	室内绿化与内庭	植物	室内及内庭植物
		水景	室内造景水池、室内喷泉等
		其他	其余造景，如假山、雕塑等
	结构件	龙骨	各类龙骨件
		连接件	各类连接节点
		其他	其余结构及紧固构件
	控制终端	*	各类开关、调节器

注：＊号表示无该一级分类。

序号	英文名称	中文名称	中文对照	说明
1	Building Service Elements	建立服务元素	建筑服务元素	为事件和类型对称地构建服务概念，按照实体的主要功能进行分类
2	Distribution Control Element	分布控制元素	配电控制元件	定义了建筑自动化控制系统的发生元件，用于对配电系统的元件进行控制。① 控制系统中的流量控制元件（阻尼器、阀门等）。② 测量受控变量（温度、湿度、压力或流量）变化的传感器元件。③ 控制器*该元素与流量系统的区别是其是否在流量系统的内部
3	Distribution Port	通信端口	配电端口	用于固体、液体或气体物质的输送，也用于电力或通信。流段（管道、电缆等）可用于跨产品连接的端口
4	Distribution Flow Element	流元素分布	分配流量元件	定义了分配系统中促进能量或物质（如空气、水或电力）分配的发生元件。示例有风管、管道、导线、管件和设备
5	Distribution Chamber Element	分布室内元素	配电室元件	定义了一个可以检查分配系统及其组成元件的位置，或者分配系统及其组成元件可以通过的位置，是在配电系统中使用的成型体积空间，如集水坑、缆线、管廊或检修孔

序号	英文名称	中文名称	中文对照	说明
6	Energy Conversion Device	能量转换装置	能量转换装置	将能量从一种形式转换为另一种形式的建筑系统装置，如锅炉（燃烧气体为热水）、冷却器（使用制冷循环冷却液体）或冷却盘管（使用制冷剂的相变特性冷却空气）
7	Flow Fitting	流接头	流量接头	定义了流量分配系统中连接或过渡的装置，如弯头或三通
8	Flow Controller	流量控制器	流量控制器	定义分配系统中用于调节通过分配系统的流量的元件，例如阻尼器、阀、开关和继电器
9	Flow Moving Device	流移动装置	流动装置	定义了用于分配、循环或输送液体（包括液体和气体，如泵或风扇）的装置，并通常参与流量分配系统
10	Flow Segment	流程段	流段	定义了流量分配系统中的某一段
11	Flow Storage Device	流存储设备	流量存储装置	用于暂时存储物质（固体、液体或气体）的装置，如贮罐等
12	Flow Terminal	流动终端	流量终端	流量终端在分配系统中充当终端或起始元件，例如管道空气分配系统中的天花板调节器、废水系统中的水槽或电气照明系统中的灯具

序号	英文名称	中文名称	中文对照	说明
13	Flow Treatment Device	流处理装置	流量处理装置	用来改变介质物理性质的装置，如空气、油或水过滤器（用于去除流体中的微粒）或管道消声器（用于减弱噪声）
14	Flow Connection Point	流连接点		

附表8　模型精细度说明表

序号	级别	模型精细度分级说明
1	LOD100	概念性（conceptual）：表达建筑构件的初步外形轮廓，仅表达有包络性质的几何尺寸，并且尺寸数据在以后实施阶段可变更处理
2	LOD200	近似几何（approximate geometry）：表达建筑构件的近似几何尺寸，能够反映物体本身大致的几何特性。主要外观尺寸数据不得变更，如有细部尺寸需要进一步明确，可在以后实施阶段补充
3	LOD300	精确几何（precise geometry）：表达建筑构件各组成部分的几何信息，能够真实地反映物体的实际几何形状和方向。主要构件的几何信息数据不得错误，避免因数据错误导致方案模拟、施工模拟或冲突检查等模型应用中产生误判
4	LOD400	加工制造（fabrication）：表达建筑构件的几何信息和非几何信息，能够准确输出建筑构件的名称、规格、型号及相关性能指标，能够准确输出产品加工图，指导现场采购、生产、安装
5	LOD500	竣工交付（as-built）：全面表达工程项目竣工交付真实状况的信息模型，应包含全面的、完整的建筑构件参数和属性

附表 9　BricsCAD 元素属性表

序号	信息类型	信息内容	信息格式	注释	分项序号
A	BIM	类型	TEXT	IFC 分类标准，参考第 5.5.2 节构件 BIM 分类	1
		建筑元素类型	TEXT	IFC 分类标准，参考第 5.5.2 节构件 BIM 分类	2
		名称	TEXT	BIM 名称	3
		描述	TEXT	对构件进行文字描述性说明	4
		建筑	TEXT	构件对应建筑物	5
		楼层	TEXT	构件对应楼层	6
		区域	TEXT	构件所在区域	7
		空间	TEXT	构件所在房间	8
		组成	TEXT	构件材质组成，对于含有多个材质组成的物体，在材料属性中详细注明	9
B	构件信息	编号	TEXT ⊖	构件编号	10
		加工与否	TEXT	构件是否需要现场二次加工	11
		加工要求	TEXT	构件二次加工要求	12
		装配要求	TEXT	构件装配要求	13
		材料属性	TEXT	构件不同材料组成属性	14
		构件规格	TEXT		
		备注其他	TEXT		15
C	产品信息	说明	TEXT	对商品类构件（如家具、灯具等）进行说明	16
		参考标准	TEXT		17
		价格	TEXT		18

序号	信息类型	信息内容	信息格式	注释	分项序号
C	产品信息	生产厂家	TEXT		19
		产品特性	TEXT		20
		产品名称	TEXT		21
		网站地址	URL		22
		生产日期	TEXT		23
		产品合格证	URL		24

注：所有构件在建立之初均应包含1～3、9、11；加工类构件还需包含12、13，多种组成材质构件应包含14，产品类构件应包含C。